Inhaltsverzeichnis

Dieses Arbeitsheft gehört: ______________________

1 Für eine große Studie wurden Jugendliche zwischen 11 und 14 Jahren danach befragt, welche Art von Fernsehserien sie am liebsten schauen. Die Strichliste zeigt das Ergebnis.

a) Wie viele Jugendliche wurden für diese Studie befragt?

__________ Jugendliche

b) Vervollständige die Tabelle.

Comedy	卌 卌 卌 卌 卌 卌 卌 卌 卌 ‖
Zeichentrick	卌 卌 卌 卌 卌 卌 卌 卌 ‖
Daily Soaps	卌 卌 卌 卌 卌 卌 ‖‖
Arztserien	卌 卌 卌 卌 卌 卌
Krimis	卌 卌 卌 卌 ‖‖
Sonstiges	卌 卌 卌 卌 ‖

		Comedy	Zeichentrick	Daily Soaps	Arztserien	Krimis	Sonstiges
absolute Häufigkeit							
relative Häufigkeit	als Bruch						
	als Dezimalzahl						

2 Bei der Klassensprecherwahl werden die Stimmzettel ausgezählt.

Thomas, Marco, Jacob, Steffen, Celin, Steffen, Steffen, Marco
Celin, Jacob, Thomas, Steffen, Marco, Celin, Thomas, Steffen, Celin
Thomas, Steffen, Celin, Thomas, Celin, Steffen, Jacob, Steffen

Vervollständige die Tabelle. Streiche erfasste Zettel durch.

	Jakob (J)	Steffen (S)	Marco (M)	Celin (C)	Thomas (T)
Strichliste					
absolute Häufigkeit					
relative Häufigkeit					

3 a) Die Tabelle zeigt die Ergebnisse eines Wettbewerbs beim Papierfliegerweitwurf. Vervollständige sie.

	Jordan	Enna	Constantin	Dominik	Sabine	Nina
1. Wurf	13,50 m	15,40 m	17,80 m	8,90 m	26,80 m	4,70 m
2. Wurf	19,10 m	9,50 m	15,30 m	19,30 m	14,70 m	12,20 m
3. Wurf	18,20 m	14,30 m	16,90 m	7,20 m	6,30 m	15,70 m
Summe						

b) Erstelle jeweils eine Rangliste und bestimme die drei besten Werfer, wenn ...

① nur der beste Wurf zählt.

_____ ; _____ ; _____ ;
_____ ; _____ ; _____ ;

② die Summe aller drei Würfe gezählt wird.

_____ ; _____ ; _____ ;
_____ ; _____ ; _____ ;

1 Jugendliche wurden nach ihrem Lieblingsgericht befragt.

a) Ergänze die Strichliste bzw. die Häufigkeitstabelle.

Schnitzel	Döner	Currywurst	Pizza	Hamburger
𝍸𝍸𝍸𝍸 𝍸𝍸𝍸𝍸 𝍸𝍸𝍸𝍸	𝍸𝍸𝍸𝍸 𝍸𝍸𝍸𝍸		𝍸𝍸𝍸𝍸 𝍸𝍸𝍸𝍸 𝍸𝍸𝍸𝍷	
		16		28

b) Notiere, wie viele Schüler insgesamt befragt wurden? ____________

c) Veranschauliche das Ergebnis in einem Balkendiagramm.

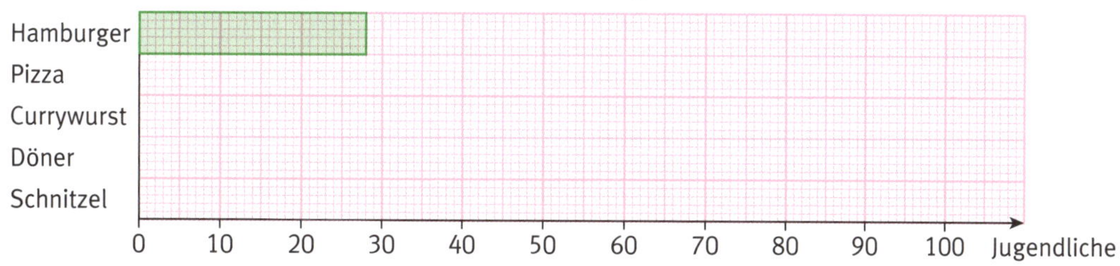

d) Bestimme die relative Häufigkeit jeder Lieblingsspeise und gib das Ergebnis als Bruch und als Dezimalzahl an.

	Schnitzel	Döner	Currywurst	Pizza	Hamburger
Bruch					
Dezimalzahl					

2 Schüler der Klasse 7a wurden nach ihrer Lieblingsballsportart gefragt. Vervollständige die Tabelle.

	Basketball	Volleyball	Fußball	Handball
absolute Häufigkeit	21	15	35	29
relative Häufigkeit				

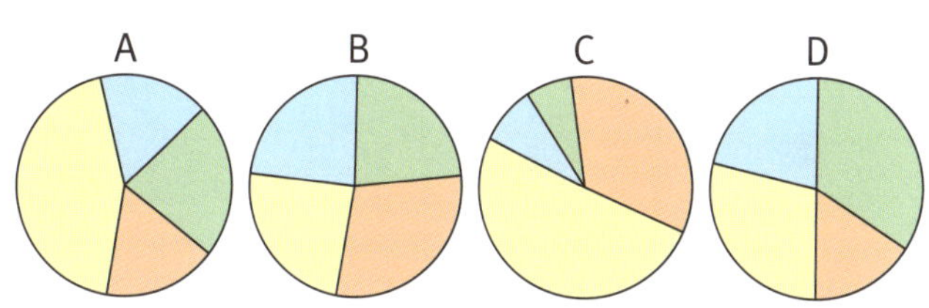

a) Welches der 4 Kreisdiagramme passt in etwa zu dem Umfrageergebnis? Begründe.

____

____

____

b) Stelle die relativen Häufigkeiten in einem Streifendiagramm der Länge 10 cm dar.

1 Sabrina notiert ihre Ergebnisse über den 100-m-Lauf und hat dazu die Rangliste erstellt.

Datenreihe	15,2 s	14,8 s	15,0 s	15,4 s	14,9 s	14,7 s	15,3 s	18,7 s
Rangliste	14,7 s	14,8 s	14,9 s	15,0 s	15,2 s	15,3 s	15,4 s	18,7 s

a) Was berechnet Lena, was Max?

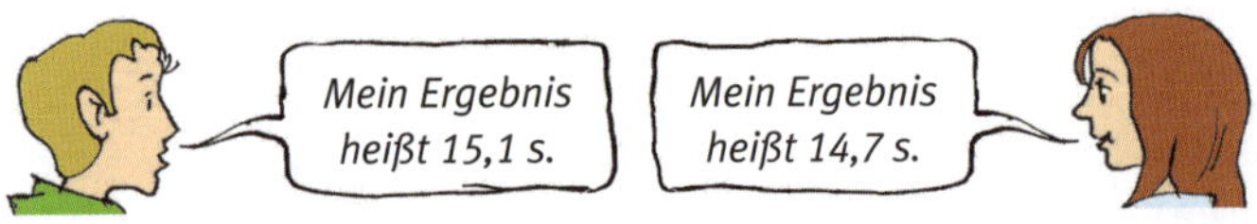

Lena: ____________________

Max: ____________________

b) Finde eine Erklärung für Sabrinas Zeit beim letzten Lauf.

____

2 Die Klasse 7c hilft bei einem Projekt „work for peace" mit. Die einzelnen Schüler leisteten folgende Zeiten ab (in Stunden). Der Lohn geht an Projekte in Afrika.

2,5	4,0	0,5	2,0	3,0	4,5	2,5	1,0	1,5	2,0
3,0	3,5	1,0	2,5	2,0	2,5	0,5	6,0	3,5	2,0

a) Erstelle eine Rangliste der Zeiten.

___ ; ___ ; ___ ; ___ ; ___ ; ___ ; ___ ; ___ ; ___ ; ___ ;
___ ; ___ ; ___ ; ___ ; ___ ; ___ ; ___ ; ___ ; ___ ; ___

b) Bestimme die Kennwerte der Datenreihe.

Minimum: ___ Durchschnittswert: ___

Maximum: ___ Zentralwert: ___

Spannweite: ___

c) In der Schülerzeitung soll über das Projekt mit einem Säulendiagramm berichtet werden. Vervollständige das Säulendiagramm.

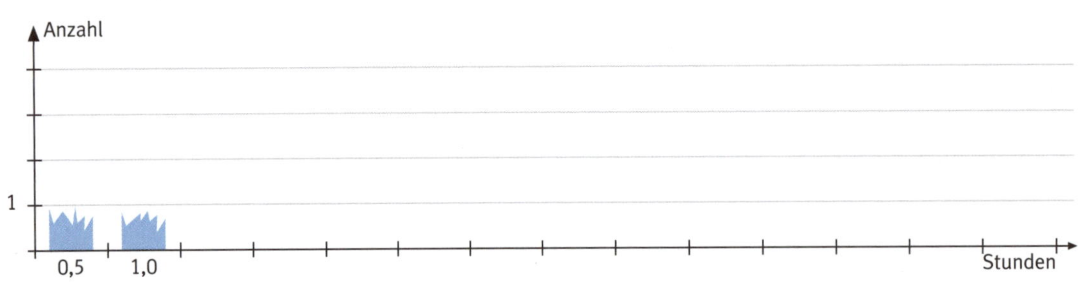

3 In einem Berliner Krankenhaus wurden an einem Tag im April diese Babys geboren. Berechne den Durchschnittswert für Körpergewicht und -größe.

Name	Körpergewicht	Körpergröße
Marvin	3460 g	51 cm
Valeca	3240 g	49 cm
Bruno	4120 g	53 cm
David	4680 g	55 cm

1 Vervollständige die Tabellen so, dass proportionale Zuordnungen vorliegen.

a)

Anzahl	1	3	5	8
Preis (€)	0,40			

b)

Menge (g)	100	200	600	
Preis (€)		2,80		14,00

2 Berechne fehlende Werte der proportionalen Zuordnung im Kopf.

a)

Kugeln	Preis (€)
1	0,80
3	
	4,00
8	

b)

Stück	Preis (€)
5	3,50
1	
3	
	6,30

c)

Gewicht (g)	Preis (€)
100	1,80
50	
	3,60
500	

3 In die Tabellen der proportionalen Zuordnungen hat sich beim Preis jeweils ein Fehler eingeschlichen. Finde und verbessere diesen.

a)

Anzahl	1	2	3	5
Preis (€)	0,59	1,18	1,79	2,95

b)

Anzahl	4	6	8	10
Preis (€)	6,40	9,60	12,80	18,00

4 Kreuze die Angebote an, bei denen eine proportionale Zuordnung vorliegt.

Zwiebeln
1 kg 0,49 €
5 kg 2,25 €

○

Käse
100 g 0,89 €
200 g 1,78 €

○

Mehl
1 kg 0,69 €
3 kg 2,07 €

○

Joghurt
1 Becher 0,29 €
5 Becher 1,16 €

○

5 Ordne jeder Tabelle den passenden Preis für 1 kg zu und ergänze die Tabelle für das verbliebene Preisangebot.

Ⓐ 1 kg 1,50 €

Ⓑ 1 kg 1,75 €

Ⓒ 1 kg 1,25 €

Ⓓ 1 kg 0,75 €

Menge (kg)	2	4	6	8
Preis (€)	1,50	3,00	4,50	6,00

○

Menge (kg)	2	4	8	14
Preis (€)	3,00	6,00	12,00	21,00

○

Menge (kg)	4	6	8	12
Preis (€)	5,00	7,50	10,00	15,00

○

Menge (kg)	2	6		14
Preis (€)			14,00	

○

6 Ein Kilogramm Käse kostet 8,90 €. Das vorgegebene Wertepaar ist fehlerhaft. Verändere jeweils einen Wert so, dass sich eine proportionale Zuordnung ergibt. Finde beide Möglichkeiten.

300 g
2,76 €

300 g
____

____
2,76 €

1 a) Welche Größen sind einander zugeordnet?

Grillfleisch (kg) → Preis (€)

b) Woran erkennst du sofort, dass dies eine proportionale Zuordnung ist?

~~Der Graph~~ Der Graph ist eine Gerade.

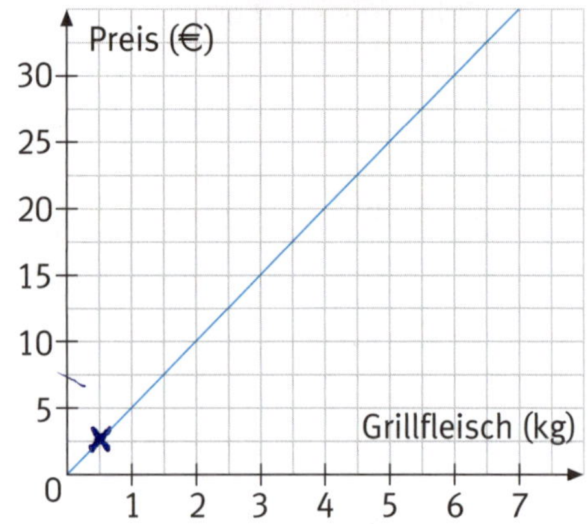

c) Lies die fehlenden Werte ab.

kg	0,5	1	3	3,5	5	6,5
€	2,50	5,00	15,00	17,50	25,00	32,50

2 Frau Welsh verdient in 8 Stunden 100 €.

a) Stelle die Zuordnung
Arbeitszeit (h) → Lohn (€)
grafisch dar.
x-Achse: 1 cm ≙ 2 h; y-Achse: 1 cm ≙ 25 €

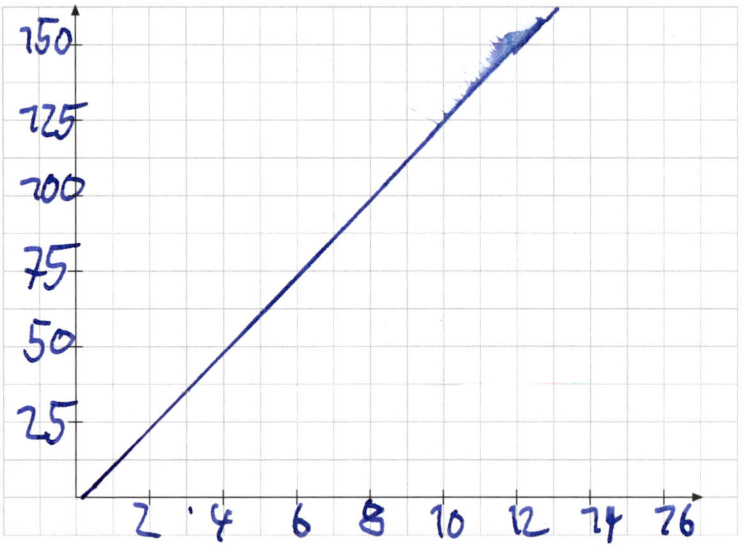

b) Lies den jeweiligen Lohn ab.

Arbeitszeit (h)	4	6	9
Lohn (€)	50	75	112,50

c) Entnimm die Werte der Grafik.

Arbeitszeit (h)	2	5	12
Lohn (€)	25,00	62,50	150,00

3 Vervollständige die Tabelle der proportionalen Zuordnung, stelle grafisch dar und notiere einen passenden Sachverhalt.

a)

Stück	0	1	2	4	5	6
Preis (€)	0	0,75	1,5	3	3,75	4,5

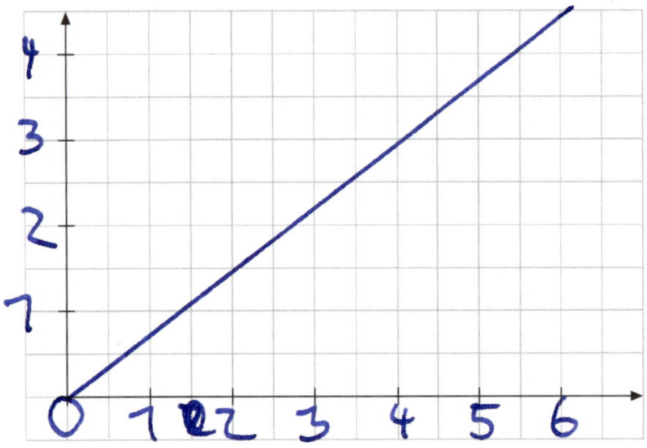

Ein Riegel kostet 0,75 €

b)

Arbeitszeit (h)	1	2	3	4	5
Lohn (€)	4,50	9	13,50	18,00	22,50

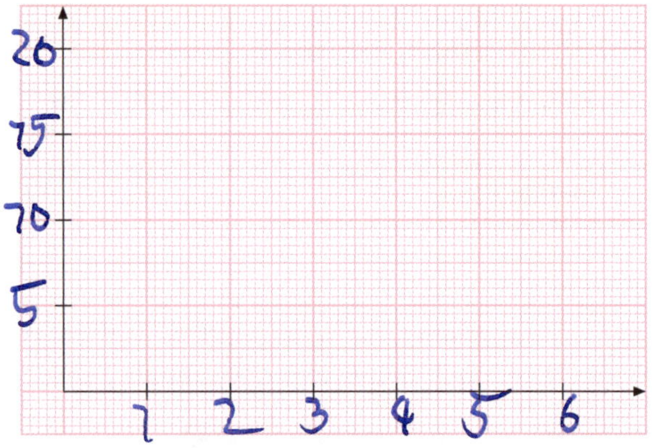

In 4 Stunden verdient sie 18 €

1 Vervollständige jeweils die Dreisatzrechnung.

a)

4 Stück	→	1,60 €
1 Stück	→	___ €
7 Stück	→	___ €

b)

5 kg	→	7,00 €
___ kg	→	___ €
9 kg	→	___ €

: 5

c)

8 s	→	12 l
___ s	→	1,5 l
___ s	→	30 l

2 Berechne die fehlenden Größen der proportionalen Zuordnungen im Kopf.

a)

Anzahl	Gewicht (g)
6	18
1	
10	

b)

Hefte	Preis (€)
8	4,80
1	
5	

c)

Menge (kg)	Preis (€)
5	5,50
1	
	9,90

d)

Zeit (h)	Lohn (€)
3	45
1	
	150

3 Ergänze die Tabellen der proportionalen Zuordnungen.

a)

Menge (kg)	1	2	3	5	
Preis (€)	2,50				20,00

b)

Menge (l)	2	5		11	
Preis (€)	2,80		11,20		21,00

c)

Menge (m^2)	6	5			22
Preis (€)	30		45	80	

d)

Weg (km)	300		500		850
Verbrauch (l)	21	14		49	

4 Löse jeweils mit dem Dreisatz und beantworte die Rechenfrage.

Text	a) 3 Tafeln Schokolade kosten 1,77 €. Wie viel kosten 5 Tafeln? 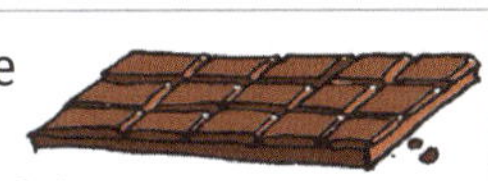	b) Für 5 Arbeitsstunden wurden 181 € berechnet. Wie viel muss für $3\frac{1}{2}$ Arbeitsstunden bezahlt werden? 
Rechnung		
Antwort		

5 Berechne mit einem geeigneten Zwischenschritt.

a)

Stück	Gewicht (g)
8	1000
2	
14	

b)

Fläche (m^2)	Preis (€)
35	770
20	

c)

Zeit (h)	Lohn (€)
9	157,50
15	

d)

Gewicht (kg)	Preis (€)
$2\frac{1}{2}$	20,80
$1\frac{1}{2}$	

1 Berechne die fehlenden Werte der proportionalen Zuordnungen im Kopf.

a)

Menge (kg)	Preis (€)
3	
6	
12	18,00

b)

Anzahl	Preis (€)
	2,00
10	4,00
	6,00

c)

Anzahl	Preis (€)
4	
8	6,40
12	

d)

Menge (g)	Preis (€)
100	
	4,50
600	9,00

2 Löse jeweils mit dem Dreisatz und beantworte die Rechenfrage.

Text	a) Bei 48 l Superbenzin zeigt die Zapfsäule einen Preis von 74,88 € an. Wie viel kostet das Befüllen eines Reservekanisters mit 5 l?	b) Katrin kauft sich 3,5 m Stoff für neue Gardinen und bezahlt 30,10 €. Ihrer Freundin Mareike gefällt der Stoff auch gut. Sie braucht 4,2 m.
Rechnung		
Antwort		

3 Ermittle die fehlende Größe.

2,29 €

750 g Glas

(1 kg ≙)

400 g Packung

(1 kg ≙ 9,20 €)

1,98 €

ml

(1 l ≙ 2,20 €)

6 x 60 g

(1 kg ≙ 7,75 €)

4 Rayan bezahlt für ein Brot und fünf Brötchen 3,05 €. Raphael bezahlt für drei Brötchen derselben Sorte 0,69 €. Duc kauft vier dieser Brötchen und zwei Brote. Wieviel muss er bezahlen?

1 Kreuze die vier antiproportionale Zuordnungen an.

- ☐ Anzahl Orchestermitglieder → Zeit zum Spielen eines Liedes
- ☐ Anzahl leistungsgleicher Pumpen → Zeit zum Entleeren eines Beckens
- ☐ Anzahl Teilnehmer einer Busreise → Kosten pro Person
- ☐ Anzahl leistungsgleicher Maschinen → produzierte Stückzahl in bestimmter Zeit
- ☐ Menge einer Ware → Preis der Ware
- ☐ Anzahl leistungsgleicher Maschinen → Zeit für Erledigung bestimmter Arbeit
- ☐ Durchschnittsgeschwindigkeit → zurückgelegte Strecke
- ☐ Durchschnittsgeschwindigkeit → Zeit für eine bestimmte Strecke

2 Löse jeweils im Kopf.

a) Ein Futtervorrat reicht bei 8 Pferden 15 Tage.

Für 4 Pferde reicht er ______ Tage und für ______ Pferde 10 Tage.

b) 6 Maschinen brauchen für einen Auftrag 12 Stunden.

3 leistungsgleiche Maschinen benötigen ______ Stunden,

______ Maschinen 8 Stunden.

c) Bei 2 Mitspielern bekommt jeder 3000 € vom Gewinn,

bei ______ Mitspielern 1000 € und bei 4 Mitspielern ______ €.

3 Ergänze die Tabelle so, dass eine antiproportionale Zuordnung entsteht.

a)

Anzahl Bagger	Dauer in Tagen
3	8
1	
4	

b)

$\frac{km}{h}$	h
50	6
100	
	12

c)

Anzahl Personen	Preis je Person (€)
16	6
	3
	24

d)

Stühle je Reihe	Anzahl Reihen
20	
15	
12	40

4 Neun Metallbänder gleicher Länge sollen jeweils anders in gleich lange Streifen zerschnitten werden. Bestimme die fehlende Anzahl der Streifen bzw. Streifenlänge.

6 Streifen	60 cm
90 Streifen	____ cm
____ Streifen	18 cm

____ Streifen	30 cm
10 Streifen	____ cm
____ Streifen	8 cm

3 Streifen	____ cm
____ Streifen	9 cm
5 Streifen	____ cm

5 Aus einer Teigmenge können 120 Brote zu 2 kg hergestellt werden. Wie viele Brote mit dem angegebenen Gewicht lassen sich damit jeweils herstellen?

500 g: ______ Brote

750 g: ______ Brote

Antiproportionale Zuordnungen grafisch darstellen

1 a) Welche Größen sind einander zugeordnet?

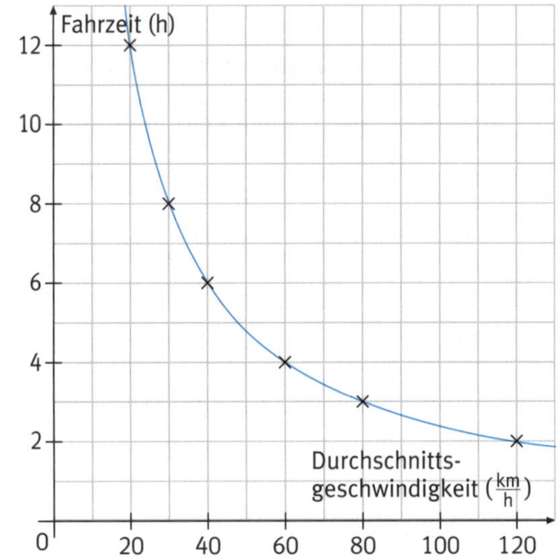

b) Woran erkennst du sofort, dass eine antiproportionale Zuordnung vorliegt?

c) Lies die fehlenden Werte ab.

$\frac{km}{h}$	20	30			80	
h			6	4		2

d) Wie lang ist die zurückgelegte Strecke?

2 Vier gleiche Pumpen können ein Schwimmbecken in neun Stunden füllen.

a) Ergänze die Wertetabelle und stelle die Zuordnung grafisch dar.

Anzahl Pumpen	1	2	3	4	6	8	9	12
Zeit (in h)				9				

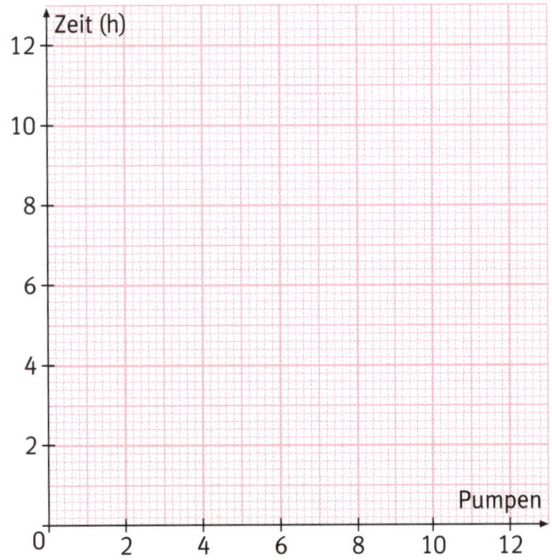

b) Wie viele Pumpen waren eingesetzt, wenn der Füllvorgang nach 7 h 12 min beendet war?

$6 \text{ min} = \frac{1}{10} \text{ h} = 0,$

c) Gib die Zeit für 10 Pumpen wie in Aufgabe b) in Stunden und Minuten an.

Antiproportionale Zuordnungen grafisch darstellen

1 a) Woran erkennst du sofort, dass die Zuordnung Anzahl der Maschinen → Dauer (d) antiproportional ist?

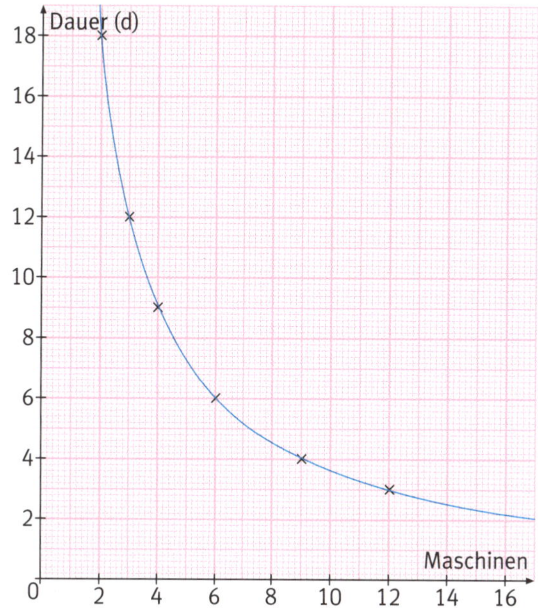

b) Ergänze durch Ablesen.

Maschinen	2			6	
Dauer (d)		12	9		3

c) Berechne die Dauer für 8 Maschinen und vergleiche mit dem Schaubild.

2 Simon will ein 24 m^2 großes rechteckiges Freilaufgehege für seine Hasen bauen.

a) Ergänze die Wertetabelle und stelle die Ergebnisse grafisch dar.

Länge (m)	1	2	3	4
Breite (m)				
Länge (m)	6	8	12	24
Breite (m)				

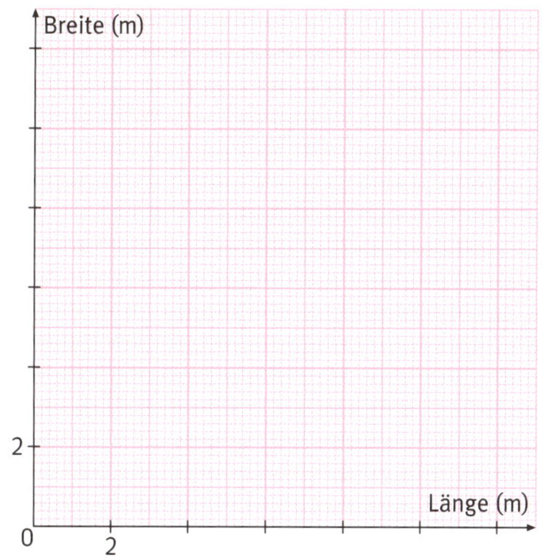

b) Gib zwei weitere Seitenlängenpaare an, die du bei genauem Zeichnen exakt ablesen kannst.

Länge (m)		
Breite (m)		

c) Bestimme fehlende Werte.

Länge (m)	1,5	
Breite (m)		1,2

d) Sind alle möglichen Seitenlängenpaare auch sinnvoll? Begründe. Denke hierbei an die Bewegungsmöglichkeit für die Hasen, die Ausdehnung des Geheges sowie den Materialbedarf.

1 Vervollständige jeweils die Rechnung.

a) Lottogewinn

Spieler Gewinn je Person (€)

b) Abtransport Bauschutt

Lkw Stunden

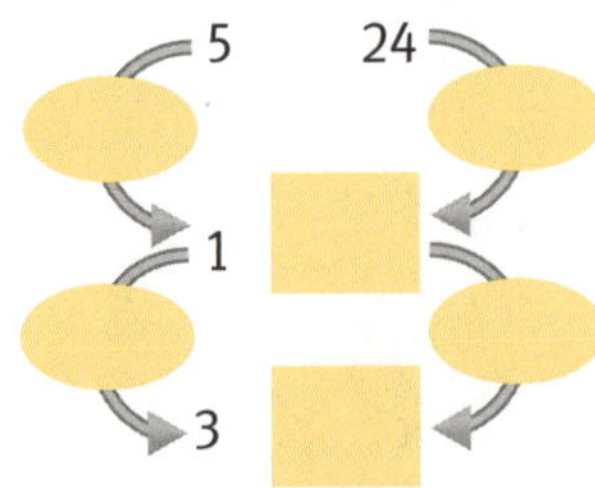

c) Futtervorrat

Kühe Tage

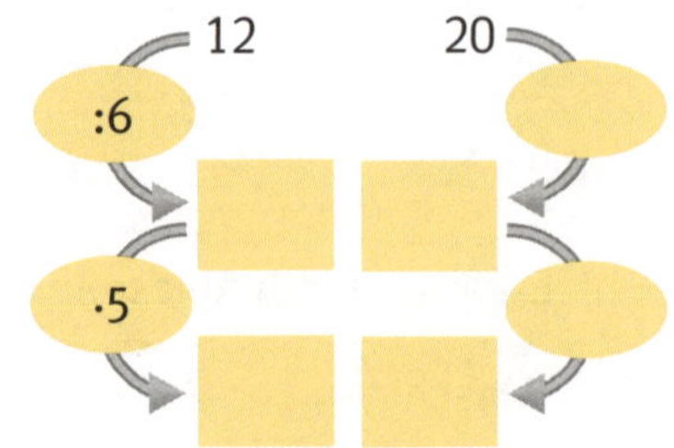

2 Berechne fehlende Werte der antiproportionale Zuordnungen im Kopf.

a)

Lkw	1	2	3		
Fahrten	24			4	2

b)

Bagger	4	2	6	3
Arbeitstage	9			

c)

Maschinen	6	2		
Arbeitszeit (h)	10		15	20

d)

Mitspieler		3	5	
Gewinn (€)	300	100		25

3 Die Rechtecke haben jeweils den gleichen Flächeninhalt. Bestimme fehlende Längen bzw. Breiten.

a)

Länge (dm)	Breite (dm)
8	12
16	
	3

b)

Länge (cm)	Breite (cm)
12	42
36	
	28

c)

Länge (m)	Breite (m)
36	35
	17,5
24	

4 Finde und verbessere die Fehler in den Wertetabellen der antiproportionalen Zuordnungen.

a)

Stühle pro Reihe	6	8	10	12	15	20	30	48
Sitzreihen	80 ✓	~~70~~ 60	48	42	32	24	18	10

b)

Teilnehmer	12	15	16	20	24	25	32	40
Preis (€)	30 ✓	26	22	18	15	14,40	11	9

5 Ein Heuvorrat reicht für 7 Pferde 24 Tage.

a) Wie lange reicht der Vorrat für 8 Pferde?

b) Wie viele Pferde können mit Heu versorgt werden, wenn der Vorrat 14 Tage reicht?

1 Wer ist der bessere Torschütze? Markus hat bei 8 Torchancen 7 Tore geschossen, Lukas hatte bei 10 Chancen 8 Treffer. Vergleiche die Leistungen der beiden miteinander.

geschossene Tore	Markus	< oder >	Lukas	besserer Schütze
absoluter Vergleich				
relativer Vergleich				

2 Ergänze die Tabelle nach vorgegebenem Muster.

gekürzter Bruch	$\frac{3}{4}$		$\frac{1}{2}$		$\frac{1}{4}$			1		$\frac{9}{10}$
Hundertstelbruch	$\frac{75}{100}$	$\frac{20}{100}$				$\frac{45}{100}$				
Dezimalzahl	0,75			0,01			0,1			
Prozentangabe	75 %								5 %	

3 Vervollständige.

a) 35 % — $\frac{7}{20}$ — 0,35

b) — $\frac{1}{50}$ —

c) — — 0,65

d) % — $\frac{1}{100}$ —

e) — $\frac{4}{25}$ —

4 Gib den gefärbten Anteil als Bruch und als Prozentsatz an.

a) 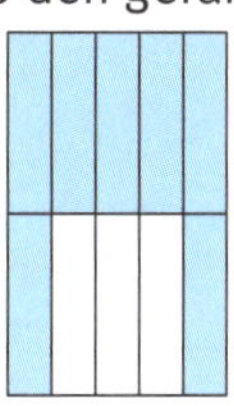

b) 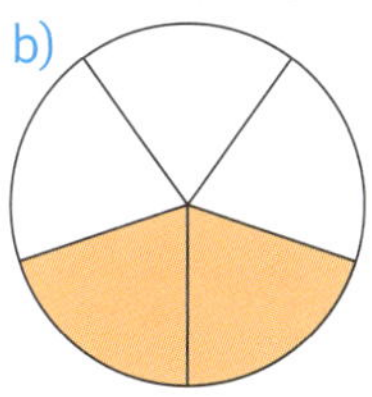

c) 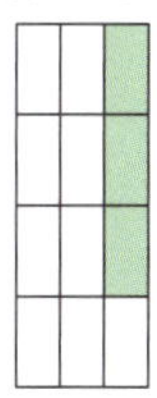

d) 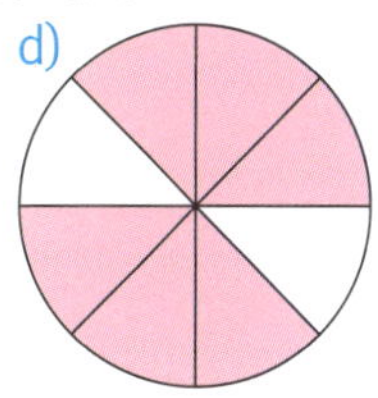

e) 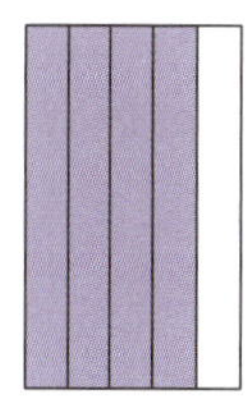

f) 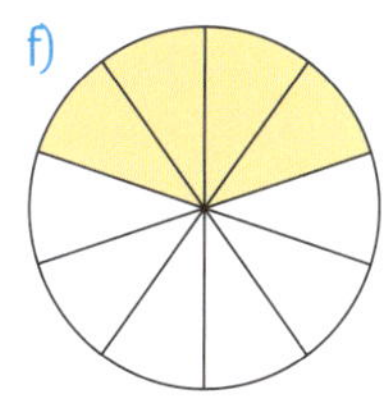

____ = ____% ____ = ____% ____ = ____% ____ = ____% ____ = ____% ____ = ____%

5 Eine Gärtnerin züchtet Blumen. Durch einen Nachtfrost geht ein Teil der Pflanzen ein. Welche Sorte ist am widerstandsfähigsten? Löse in Prozent.

	Astern	Nelken	Veilchen
Anzahl der Pflanzen	400	220	100
Anzahl der erfrorenen Pflanzen	140	110	40

1 Gib den angegebenen Prozentsatz als Bruch an und färbe die Figur ein.

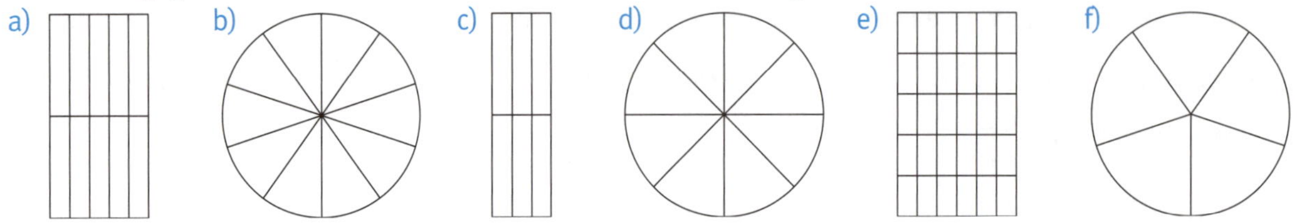

a) 10 % = ____ b) 20 % = ____ c) 50 % = ____ d) 25 % = ____ e) 40 % = ____ f) 60 % = ____

2 Vergleiche die Anteile miteinander. Beginne mit dem kleinsten. Wie viel fehlt jeweils zu 100 %?

	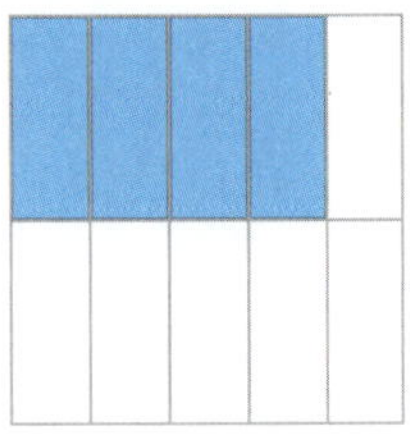	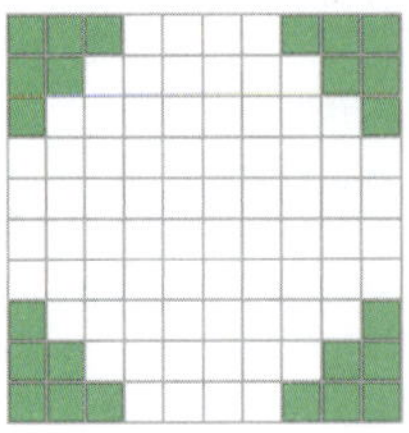	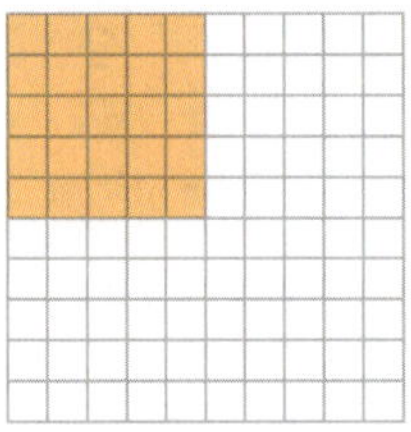	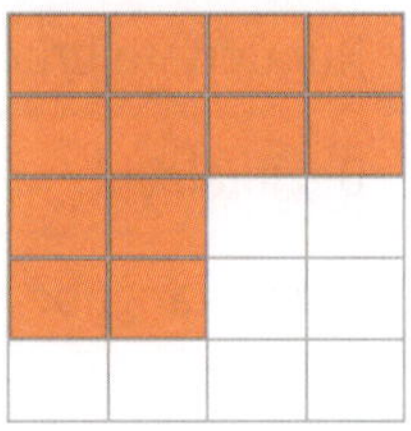
Reihenfolge		1		
zu 100 % fehlen				

3 Vergleiche die Anteile und setze <, > oder =.

a) $\frac{3}{4}$ ☐ $\frac{4}{5}$ b) 12 % ☐ $\frac{1}{8}$ c) $\frac{14}{50}$ ☐ 28 % d) 0,65 ☐ $\frac{17}{25}$ e) 17 % ☐ 0,15 f) $\frac{1}{2}$ ☐ 50 %

4 Ordne die Anteile der Größe nach.

a) $\frac{1}{20}$; $\frac{4}{10}$; $\frac{7}{10}$; $\frac{1}{2}$; $\frac{48}{100}$; $\frac{9}{50}$ ____ < ____ < ____ < ____ < ____ < ____

b) $\frac{12}{50}$; 23 %; 0,3; $\frac{48}{100}$; 0,87; $\frac{1}{2}$ ____ < ____ < ____ < ____ < ____ < ____

5 Der „Regenwurm" Max kriecht aus seinem Erdloch. Die einzelnen Glieder sind jeweils gleich lang. Gib die gesuchten Anteile jeweils als Bruch, als Dezimalzahl und in Prozent an.

		Bruch	Dezimalzahl	Prozent
a)	Welcher Anteil schaut aus der Erde?		0,4	
b)	Welcher Anteil ist rot?			
c)	Welcher Anteil ist orange?	$\frac{3}{10}$		
d)	Welcher Anteil ist nicht weiß?			
e)	Der 15 cm lange Max wächst um 6 cm. Wie groß ist der Zuwachs?			

6 Drücke folgende Sachverhalte durch Prozente aus.

a) 2 von 5 Schülern haben ein eigenes Zelt, das sind ________ %.

b) Von 50 € hat Jasmin 17 € schon ausgegeben, das sind ________ %.

c) Das Verhältnis von Jungs zu Mädchen ist 52 : 48. Also sind ________ % männlich.

d) Bei jedem fünften Wurf würfelte Thomas eine 6, also waren ________ % seiner Würfe eine 6.

1 Ordne die Angaben aus dem Text den Begriffen Grundwert (G), Prozentwert (W) und Prozentsatz (p) zu. Stelle dann den Sachverhalt graphisch dar, indem du im vorgegebenen Streifen (100 %) den Prozentsatz farbig markierst.

a) Von den 30 Schülern der Klasse 7c mögen 24 den Sportunterricht. Das sind 80 %.

G = ______ W = ______

p = ______

b) 140 Schüler gehen in die 7. Klasse. Davon haben 40 %, also 56 Schüler, ein Haustier.

G = ______ W = ______

p = ______

c) Edanur hat beim Würfeln zwölfmal eine 6 gewürfelt. Das waren bei ihren 60 Würfen 20 %.

G = ______ W = ______

p = ______

2 Entscheide aus dem Text, welche Größe (G, W oder p) noch berechnet werden muss. Kreise den zugehörigen Buchstaben ein. Diese ergeben von oben nach unten gelesen ein Lösungswort.

		G	W	p
a)	Ein 120 g schwerer Apfel enthält 6,8 g Fruchtzucker.	Ö	N	A
b)	Der Preis eines Zirkels wurde von 15,50 € auf 12,40 € herabgesetzt.	L	Ä	U
c)	Monikas Vater erhält beim Autokauf einen Rabatt von 19 % und spart somit 4370 €.	F	H	S
d)	Von den 16 Mädchen einer Klasse sind 18,75 % Vegetarierinnen.	A	G	F
e)	Nicos erwachsener Labrador Ben wiegt 30 kg. Bei seiner Geburt wog er nur 1,2 % davon.	R	A	L
f)	In Evas Matheheft sind nur noch 3 Seiten unbeschrieben. Es sind also noch 12,5 % frei.	B	R	U
g)	Nico ist im letzten Jahr um 9 cm, also um 6,5 % gewachsen.	E	N	G

Lösungswort: ____________________

3 Lisa geht auf Schnäppchenjagd. Dabei findet sie in Geschäften die abgebildeten Preisplakate. Welche Größen der Prozentrechnung (G, W, p) sind darauf angegeben?

a)

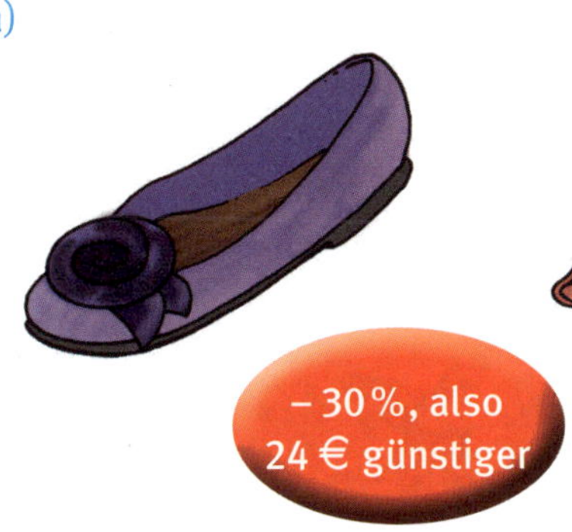

b)

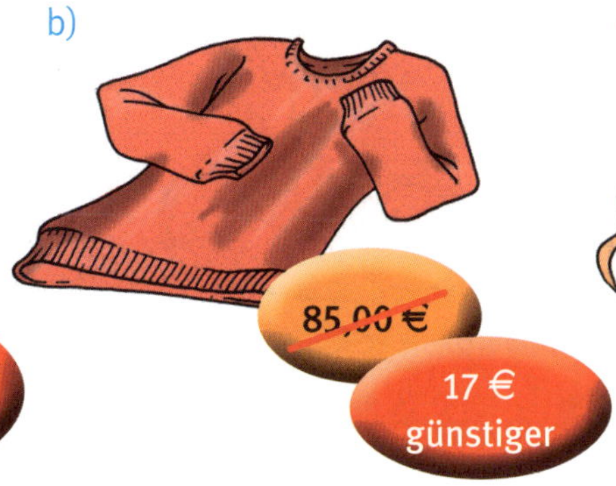

c)

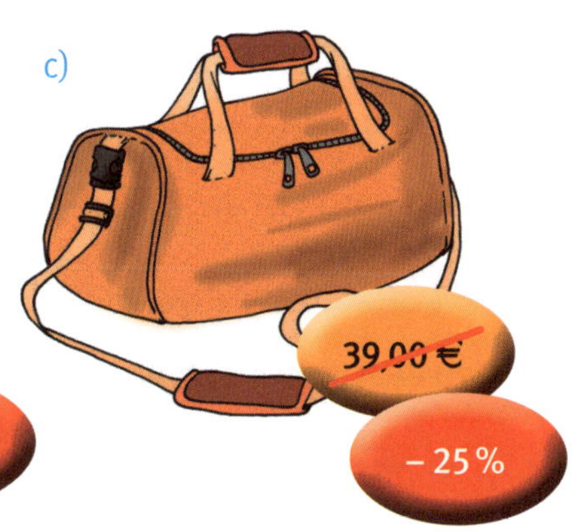

______ und ______ ______ und ______ ______ und ______

1 Gib an, ob es sich um den Grundwert G, den Prozentwert W oder den Prozentsatz p handelt.

a) Nachlass im Sommerschlussverkauf: Alle Jeanshosen kosten jetzt nur noch 60 % (p) des ursprünglichen Preises von 112 € ____. Die Hosen kosten also noch 67,20 €.

b) Lisa joggt jeden Tag 1,5 km ____. Das sind 30 % ____ von Martins 5-km-Runde.

c) In Boulder, einer Stadt in den USA, scheint an 300 Tagen ____ im Jahr ____ die Sonne, also an 82 % ____ der Tage.

2 Ordne jeweils zu, indem du jede Aufgabe mit den richtige Angaben verbindest. Fülle dann die Lücken aus.

Paul spart 70 % von seinem Geld auf einem Sparkonto an. Das sind 105 €.	
Alex hat 320 € gespart. 70 % davon bezahlt sie für eine neue Jacke.	
Tobi zahlt jährlich 70 € für eine Zeitschrift. Das sind 20 % seines Taschengelds.	
Murat bekommt einen Gutschein über 70 €. Er gibt aber nur 20 € davon aus.	

Gegeben: W = ______; p = 20	Gesucht: ______
Gegeben: W = ______; p = 70	Gesucht: ______
Gegeben: ______; W = 20 €	Gesucht: ______
Gegeben: G = ______; p = 70	Gesucht: ______

3 Ergänze.

a)
50 % von 24 km sind ______ km
10 % von 960 € sind ______ €
25 % von 48 t sind ______ t
1 % von 1 560 € sind ______ €
20% von 10 l sind ______ l
75% von 60 m^2 sind ______ m^2

b)
______ % von 28 kg sind 7 kg
______ % von 135 kg sind 13,5 kg
______ % von 60 m sind 3 m
______ % von 850 € sind 8,50 €
______ % von 106 l sind 53 l
______ % von 25 t sind 5 t

4 Die Klasse 7a hat 24 Schüler. Gib jeweils die Anzahl der Schüler für folgende Aussagen an.

a) 25 % sind in einem Sportverein. ______ Schüler sind in einem Sportverein.

b) 50 % kommen mit dem Rad zur Schule. ______ Schüler kommen mit dem Rad.

c) 75 % singen im Schulchor. ______ Schüler singen im Schulchor.

5 Die Klasse 7b hat 30 Schüler. Gib folgende Angaben mit Prozentsätzen an.

a) 18 Schüler kommen mit dem Bus.

______ % kommen mit dem Bus.

b) 9 Schüler kommen mit dem Rad.

______ % kommen mit dem Rad.

c) Die restlichen Schüler kommen zu Fuß.

______ % kommen zu Fuß.

1 Formuliere zuerst eine Rechenfrage und löse dann mit einem Antwortsatz.

a) Eine Packung Quark (500 g) hat einen Fettanteil von 40 %.

Frage:

____

____

____

Angabe in %	Gramm
100	500
1	______
40	______

$W = \frac{G}{100} \cdot p$

$W = \frac{\quad}{100} \cdot$ ______

W = ______

Antwort: ____

b) In einem Garten sind 30 % von 300 m^2 mit Rasen eingesät.

Frage:

____

____

____

Angabe in %	Fläche
100	300 m^2
______	______
______	______

$W = \frac{G}{100} \cdot p$

$W = \frac{\quad}{\quad} \cdot$ ______

W = ______

Antwort: ____

2 Berechne den Prozentwert mit dem Taschenrechner.

Grundwert G	1 200 €	460 €	60 €	85 €	250 €	600 €
Prozentsatz p	13 %	27 %	31 %	54 %	77 %	95 %
Prozentwert W						

3 In einer Packung Gummibärchen (220 g) sind 45 % Zucker enthalten. Wie viel g Zucker sind das?

4 a) Von 1 800 befragten Jugendlichen haben 90 % ein Smartphone. Wie viele Jugendliche sind das?

b) Wie könntest du den Prozentwert hier geschickter und einfacher berechnen. Erläutere.

____

____

____

1 Formuliere zuerst eine Rechenfrage und löse dann mit einem Antwortsatz.

a) Karola hat 350 € gespart. Sie gibt 210 € für eine Stereoanlage aus.

Frage: ______________________
____
____

Betrag	Angabe in %
350 €	100
1 €	100 : ____
210 €	100 : ___ · ___ = ___

$p = \frac{100}{G} \cdot W$

$p = \frac{100}{\_\_\_} \cdot \_\_\_$

$p = \_\_\_$

Antwort: ______________________

b) Bei einer Geschwindigkeitskontrolle fuhren von 360 Fahrern 27 zu schnell.

Frage: ______________________
____
____

Fahrer	Angabe in %
360	100
____	100 : ____
____	100 : ___ · ___ = ___

$p = \frac{100}{G} \cdot W$

$p = \frac{\_\_\_}{\_\_\_} \cdot \_\_\_$

$p = \_\_\_$

Antwort: ______________________

2 Berechne den Prozentsatz im Kopf.

a) 40 € von 400 € ____________ b) 50 € von 200 € ____________

c) 160 € von 800 € ____________ d) 160 € von 400 € ____________

3 Berechne den Prozentsatz mit dem Taschenrechner.

Prozentwert W	45 €	67,5 l	200 kg	28 cm	27 km	10,4 m^2
Grundwert G	50 €	90 l	500 kg	80 cm	45 km	32 m^2
Prozentsatz p						

4 Das Grundstück der Familie Walther ist 625 m^2 groß. Das Haus darauf nimmt eine Fläche von 175 m^2 ein. Wie viel Prozent sind dies?

5 a) Ägypten hat rund 94 Millionen Einwohner. Die größte Stadt ist Kairo, die mit Vororten rund 20 Millionen Einwohner zählt. Wie viel Prozent aller Ägypter wohnen in und um Kairo?

b) Vergleiche mit Deutschland und Berlin.

1 Formuliere zuerst eine Rechenfrage und löse dann mit einem Antwortsatz.

a) Peter fährt an einem Tag 60 km. Das sind 30% der Strecke, die er zurücklegen will.

Frage: ______________________________
____
____

Angabe in %	Strecke
30	60 km
1	______
100	______

$G = \frac{W}{p} \cdot 100$

$G = \frac{\_\_\_}{\_\_\_} \cdot 100$

G = ______

Antwort: ______________________________

b) Bei der Tombola des Schulfests gibt es 60 Preise. 15% der Lose sollen Gewinnlose sein.

Frage: ______________________________
____
____

Angabe in %	Lose
15	60
______	______
______	______

$G = \frac{W}{p} \cdot 100$

$G = \frac{\_\_\_}{\_\_\_} \cdot 100$

G = ______

Antwort: ______________________________

2 Berechne den Grundwert im Kopf.

a) 46 € sind 10% ______________ b) 23 € sind 5% ______________

c) 120 km sind 25% ______________ d) 10 m^2 sind 40% ______________

3 Berechne den Grundwert.

Grundwert						
Prozentsatz	11%	45%	27%	19%	22%	78%
Prozentwert	90 €	40 €	525 €	574 €	120 €	500 €

4 In der Jahrgangsstufe 7 nutzen 42 Schüler daheim das Internet. Das sind 87,5% aller Schüler der Stufe.

5 Cindy spart Geld für ein Tablet. 70% hat sie schon zusammen, das sind 64,40 €.
Ihr Vater bezahlt den Rest.

1 Bestimme Prozentwert, Grundwert oder Prozentsatz.

a) 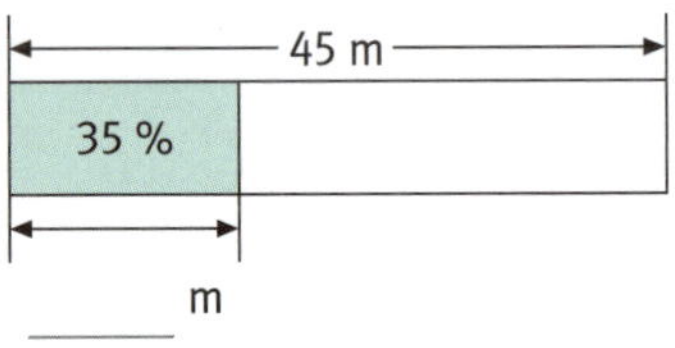

b) 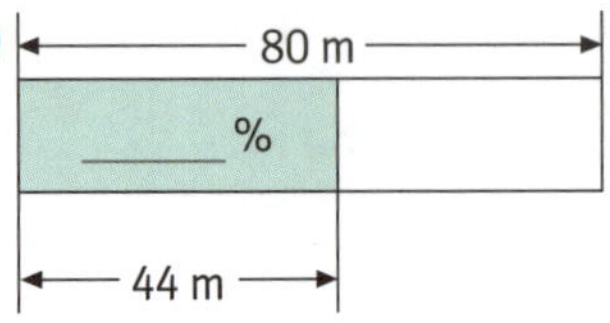

c) 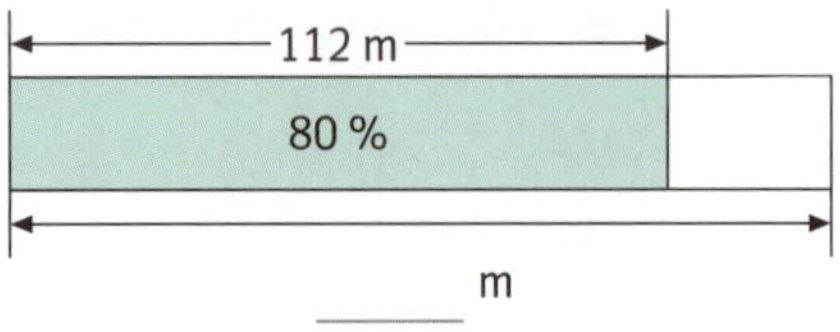

2 Entscheide, ob Grundwert, Prozentsatz oder Prozentwert gesucht sind, dann berechne sie mit einem Verfahren deiner Wahl. Antworte sinnvoll.

a) In einer Lostrommel sind von 840 Losen 45 % Nieten.

gesucht: ______________________

Antwort: ______________________

b) Aus dem Internet wird eine 165 MB große Datei heruntergeladen. 90 % sind bereits übertragen.

gesucht: ______________________

Antwort: ______________________

c) In der Klasse 7a kommen 12 Schüler mit dem Bus zur Schule. Das sind 40 % der Klasse.

gesucht: ______________________

Antwort: ______________________

3 Berechne den Prozentwert, den Prozentsatz oder den Grundwert im Kopf.

a) 25 kg von 500 kg ______ %

b) 30 % von 270 m^2 ______ m^2

c) 200 km entsprechen 25 % ______ km

d) 90 % von 2 000 g ______ g

4 Löse mit einem Verfahren deiner Wahl.

a) 32 % einer 270 g schweren Wurst sind Fett. Wie viel g sind das?

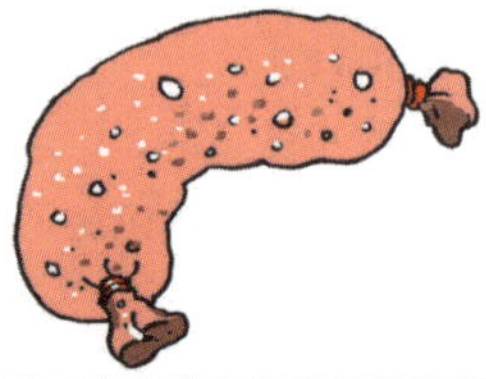

Zuordnen	Grundwert 270 g	Prozentsatz 32 %	Prozentwert W
Aufgabe	32 % von 270 g		
Rechnung			
Antwort			

b) Von 40 kg Pflaumen verdarben 600 g. Wie viel Prozent waren verdorben?

Zuordnen	Grundwert ______	Prozentsatz ______	Prozentwert ______
Aufgabe			
Rechnung			
Antwort			

1 Überlege dir zu folgendem Text eine Frage. Schreibe Rechnung und Antwort auf.

a) Das Elektrogeschäft bietet den Flachbildschirm PX 829 für 378 € an.
Das Ausstellungsmodell wird nach 4 Wochen mit 15 % Preisnachlass verkauft.

Frage: ______________________________

Rechnung:

Antwort: ______________________________

b) Eine Waschmaschine kostet 700 €. Herr Huber bezahlt sie bar und erhält daher einen Preisnachlass von 3 %.

Frage: ______________________________

Rechnung:

Antwort: ______________________________

2 Berechne nach dem Rechenplan die Preise nach der zweimaligen Erhöhung.

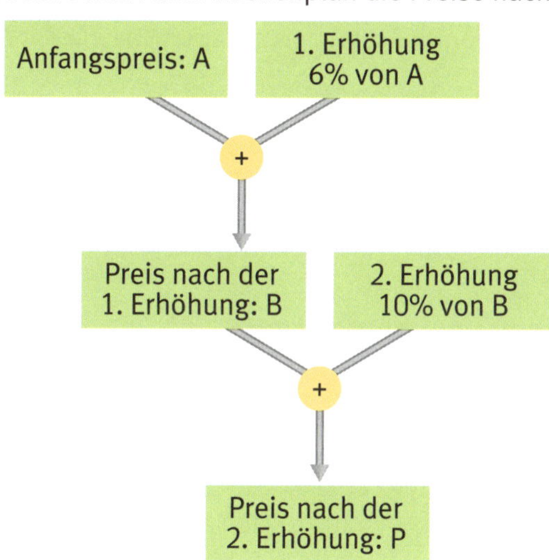

Wohnzimmerleuchte: 280 €

Studiostrahler: 120 €

3 Herr Eichinger arbeitet 38 Stunden in der Woche als Krankenpfleger. Pro Stunde bekommt er 18,50 €. Für die Arbeit an Feiertagen erhält er einen Aufschlag von 24 % des Stundenlohnes. Am Ostermontag arbeitete Herr Eichinger acht Stunden. Wie viel verdiente er in dieser Woche insgesamt?

1 Fahrradhändler Schicker verkauft Rennräder ausschließlich der Marken „Blitz“ und „Tempo“. Das Diagramm zeigt für die Jahre 2013 bis 2016 die Anzahl verkaufter Rennräder dieser beiden Marken.

a) Wie viele Rennräder der Marke „Blitz“ wurden in den Jahren 2013 bis einschließlich 2016 insgesamt verkauft?

b) In welchem Jahr war der Anteil der Rennräder der Marke „Tempo“ an der Gesamtzahl der im selben Jahr verkauften Rennräder am kleinsten? Begründe deine Antwort.

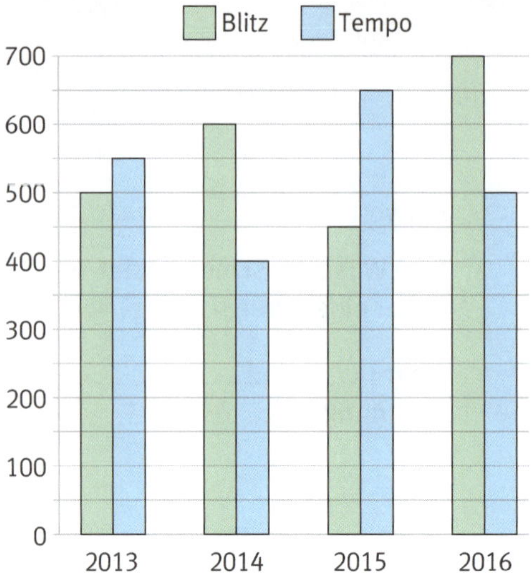

2 Das Diagramm beschreibt die Ergebnisse der ersten Klassenarbeit in Mathematik der Klasse 7a, die aus 28 Schülern besteht.

a) Wie viel Prozent der Schüler der Klasse 7a erhielten die Note 2?

b) Wie viel Prozent der Schüler haben mindestens eine ausreichende Leistung erbracht?

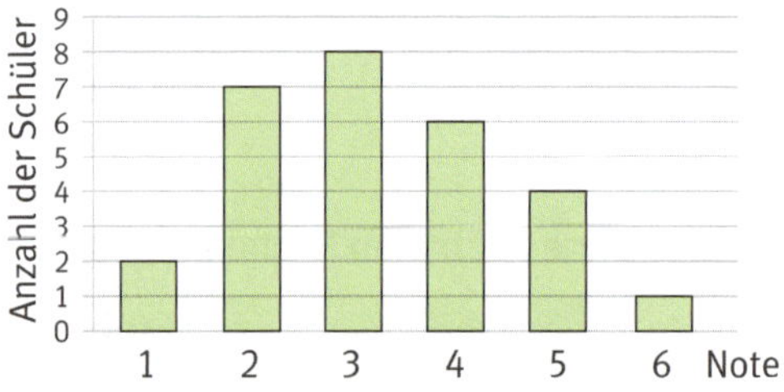

3 Familie Schilf wohnt in einem Haus mit Gasheizung. Herr Schilf hat ein Balkendiagramm erstellt, das für die Jahre 2014 bis 2016 den jährlichen Gasverbrauch in m^3 zeigt.

a) Erkläre, warum bei diesem Balkendiagramm leicht der Eindruck entstehen kann, dass der Gasverbrauch in den Jahren von 2014 bis 2016 stärker gesunken ist, als es in Wirklichkeit der Fall war.

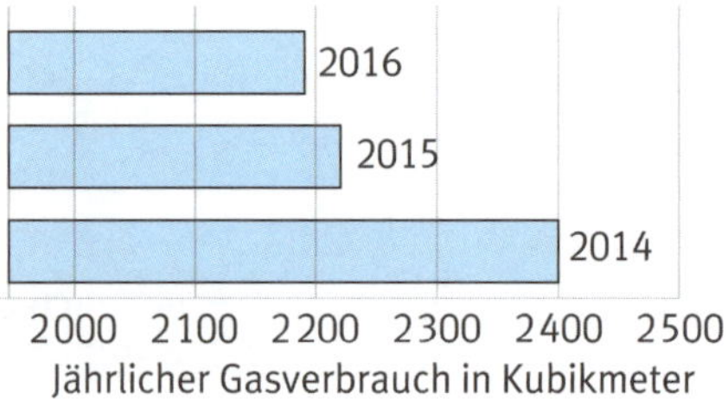

b) Der Gasverbrauch im Jahr 2014 lag um 20% unter dem Verbrauch des Jahres 2013, da Familie Schilf im Frühjahr 2014 eine Solaranlage auf dem Dach des Hauses installiert hat. Berechne, wie viele Kubikmeter Gas im Jahr 2013 verbraucht wurden.

1 Bei einer Bürgermeisterwahl gaben 55 % der 19 000 Wahlberechtigten ihre Stimme ab.
Im Kreisdiagramm ist die Stimmenverteilung dargestellt.

a) Berechne die Anzahl der Stimmen für die einzelnen Kandidaten sowie die Anzahl der ungültigen Stimmen.

b) Stelle den Sachverhalt in einem Säulendiagramm dar. Runde geeignet.

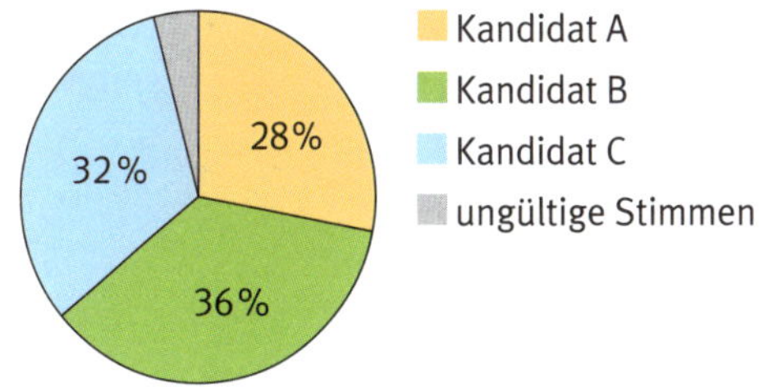

Gesamtanzahl der Stimmen: ______ % von ______ : ______

Kandidat A: ______ % von ______ : ______

Kandidat B: ______ % von ______ : ______

Kandidat C: ______ % von ______ : ______

Ungültige Stimmen: ______ % von ______ : ______

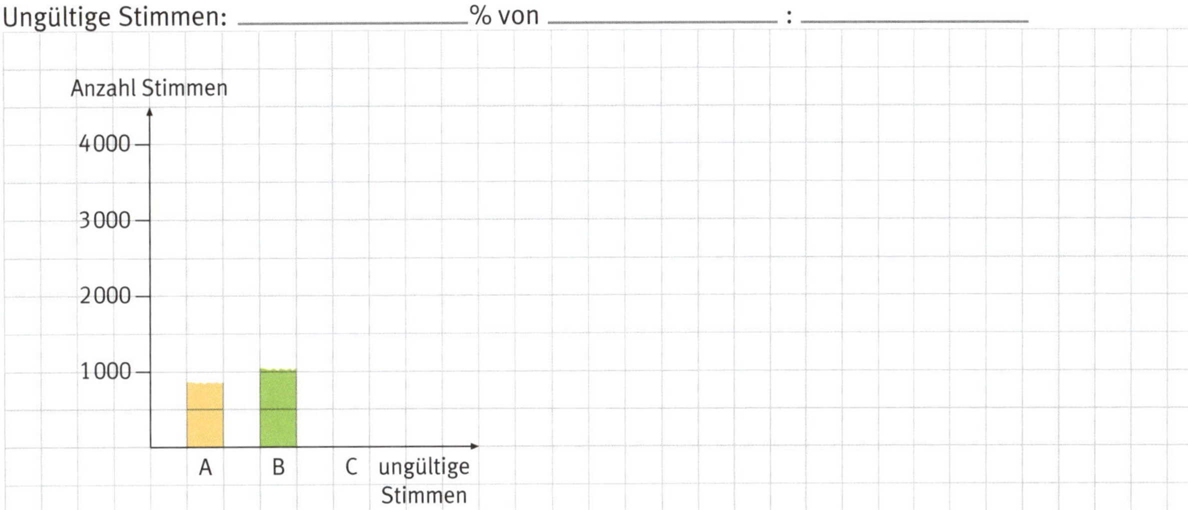

2 Familie Salomon legt 600 € pro Monat zurück, das sind 16 % des gesamten Einkommens. Die monatlichen Ausgaben der Familie verteilen sich folgendermaßen:

Abzahlung Haus (H): 15 % Nebenkosten (N): 12,5 % Rate Auto (A): 7,5 %
Lebensmittel (L): 20 % Rücklagen für Urlaub (U): 12 % Kleidung (K): 17 %

(Angegeben sind die prozentualen Anteile des Gesamteinkommens.)

a) Gib das Gesamteinkommen von Familie Salomon pro Monat an.

______

b) Berechne die jeweiligen Ausgaben in Euro und stelle die Ergebnisse in einem Balkendiagramm dar. Runde die Ergebnisse auf ganze Zehnerbeträge und wähle einen geeigneten Maßstab.

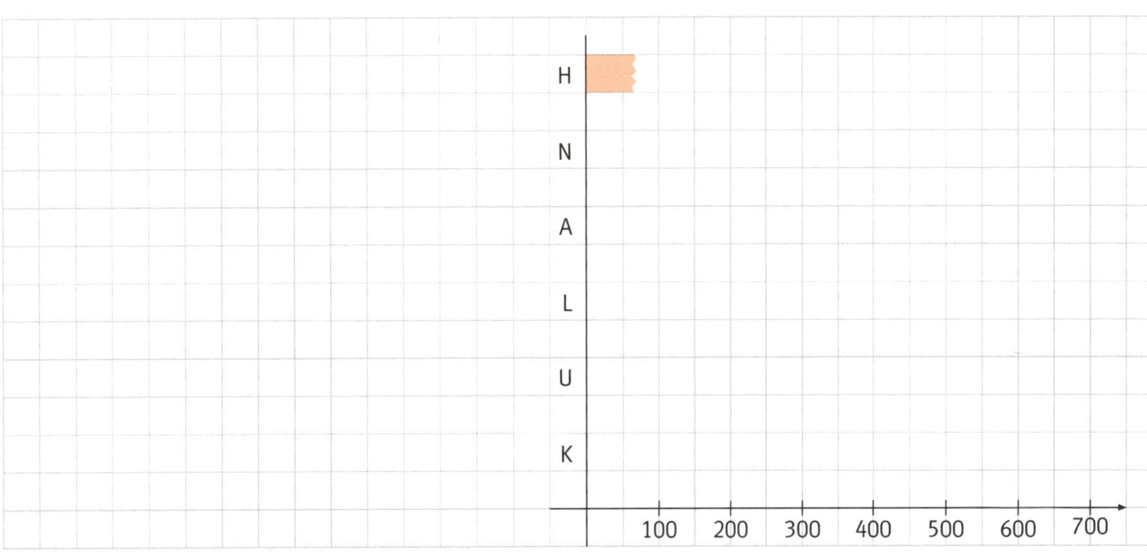

1 Verbinde die Punkte der Reihe nach. Markiere die entstehenden Dreiecke so:
rechtwinklig – rot spitzwinklig – grün stumpfwinklig – blau

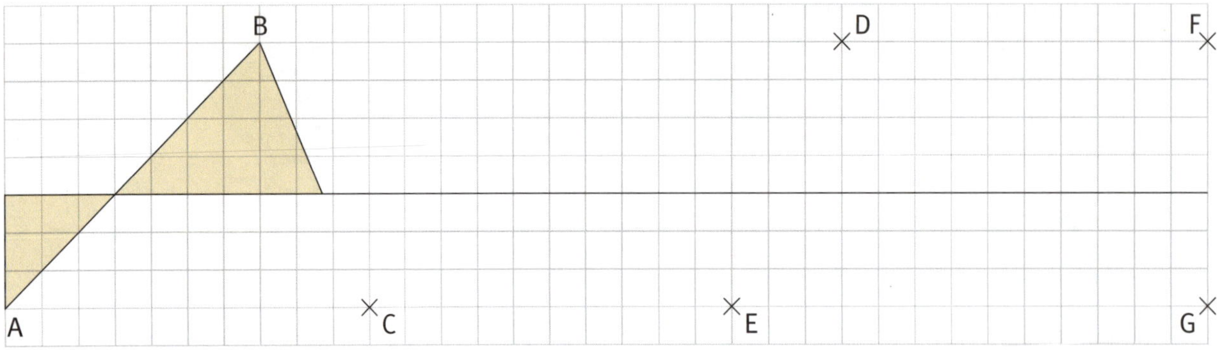

2 Trage richtig in die Tabelle ein.

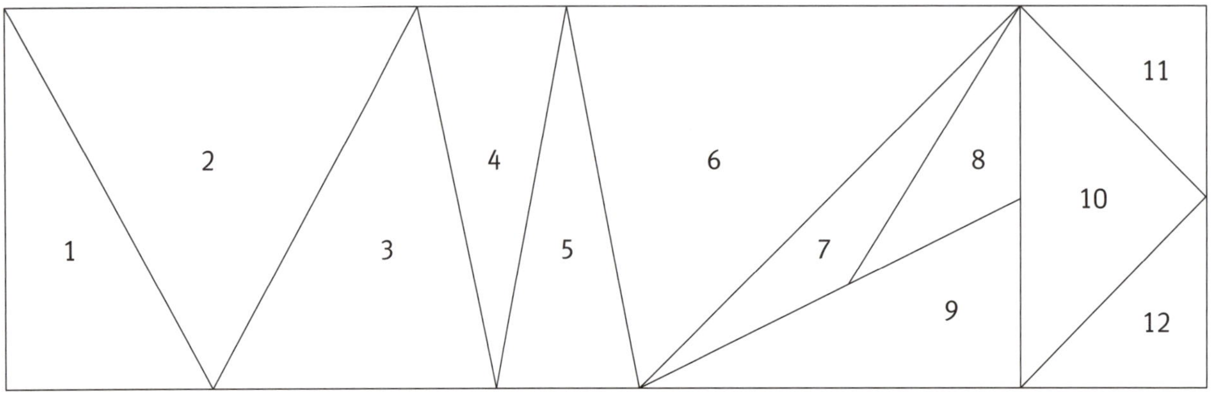

	spitzwinklig	rechtwinklig	stumpfwinklig
gleichseitig			
gleichschenklig			
allgemein			

3 Zwei Punkte eines Dreiecks sind gegeben. Wähle den dritten Punkt so, dass folgende Dreiecksarten entstehen und zeichne. Es gibt mehrere Möglichkeiten.

a) rechtwinkliges Dreieck:

A_1 (1|2), B_1 (4|2), C_1 ____________

b) spitzwinkliges Dreieck:

A_2 ____________, B_2 (7|1), C_2 (6|4)

c) stumpfwinkliges Dreieck:

A_3 (8|2), B_3 (11|2), C_3 ____________

d) gleichschenkliges Dreieck:

A_4 (12|1), B_4 ____________, C_4 (13|4)

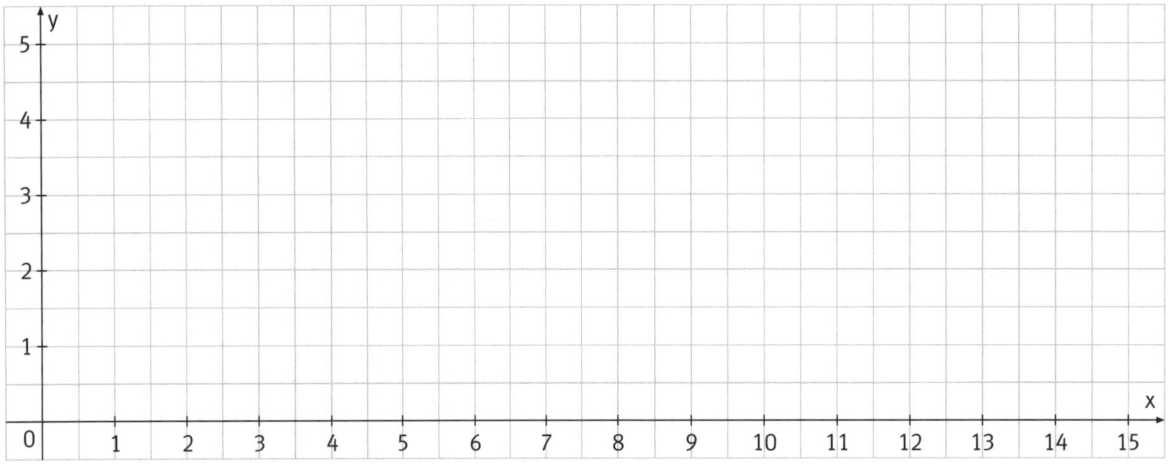

1 Berechne die fehlenden Winkelmaße in den abgebildeten Dreiecken.

a)

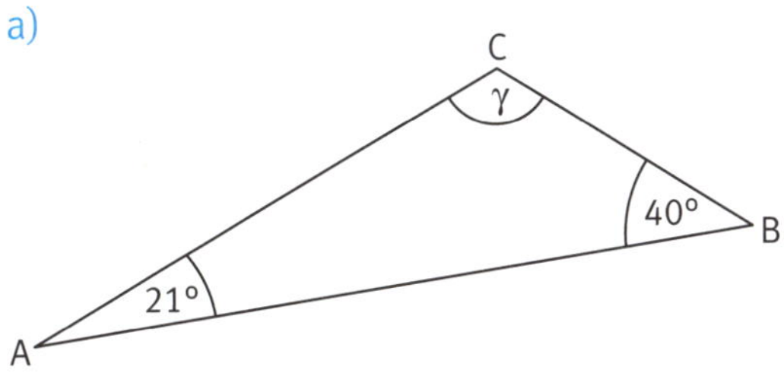

$\gamma =$ 180° − 21° − 40° = ______

b)

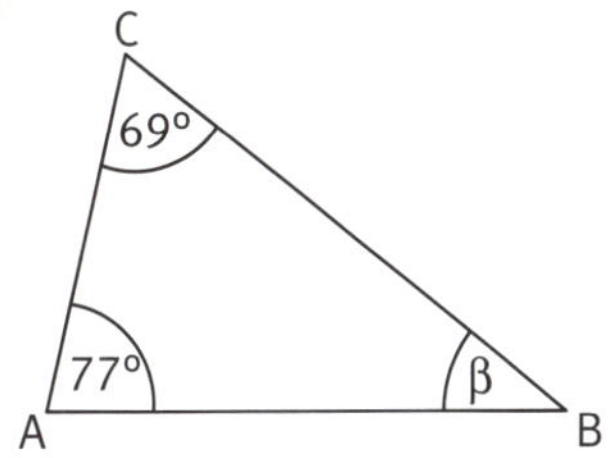

$\beta =$ ______

c)

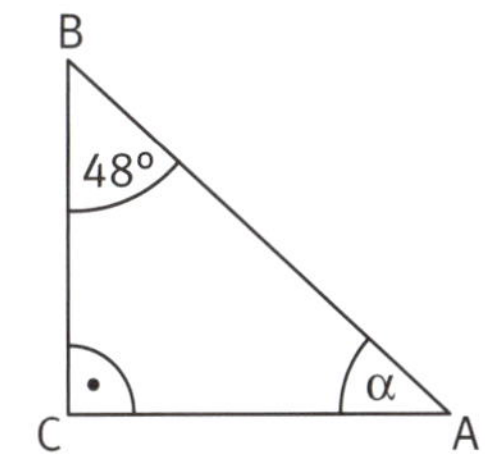

$\alpha =$ ______

2 Die Tabelle zeigt die Innenwinkelmaße für Dreiecke ABC. Vervollständige.

Winkel	a)	b)	c)	d)	e)	f)
α	55°	37°		117°	60°	88°
β	65°		57°	23°	60°	$\beta = \gamma$
γ		77°	57°			

3 Zeichne ein Beispiel oder begründe, warum es eine solche Figur nicht geben kann.

a) Kann es ein Dreieck geben mit ...

(1) zwei rechten Winkeln?

(2) drei spitzen Winkeln?

4 In einem gleichschenkligen Dreieck sind Winkel vorgegeben. Schreibe je zwei Möglichkeiten für die beiden anderen Winkel auf. Einmal gibt es nur eine Möglichkeit. Versuche eine Regel zu formulieren.

$\alpha = 74°$ $\beta =$ 74°; γ = ______ $\gamma =$ 74°; β = ______

$\alpha = 46°$ ______ ______

$\alpha = 130°$ ______ ______

5 Berechne die Winkelsumme in Vielecken. Zerlege dazu die Vielecke und fülle die Tabelle aus.

	3-Eck	4-Eck	5-Eck	6-Eck	7-Eck	8-Eck	12-Eck
	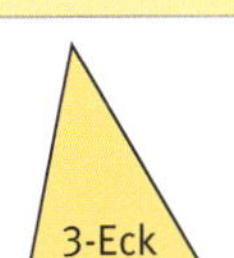 3-Eck	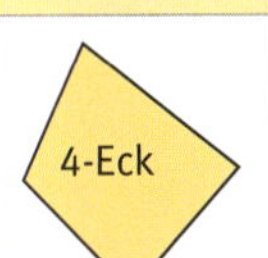 4-Eck	 5-Eck	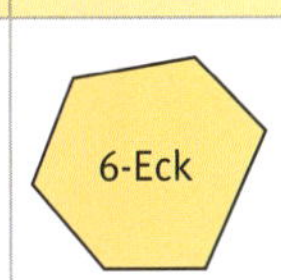 6-Eck	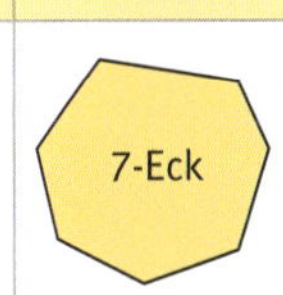 7-Eck	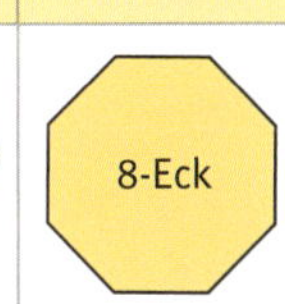 8-Eck	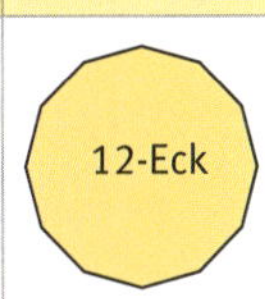 12-Eck
zerlegt in	1 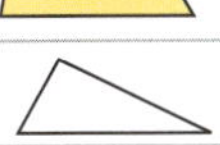	2 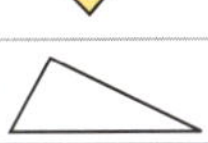	3 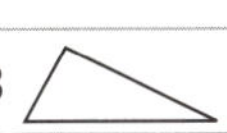				
	$1 \cdot 180°$	$2 \cdot 180°$					
Winkelsumme	180°	360°					

1 Bestimme die fehlenden Winkelmaße (die Zeichnungen sind nicht maßstäblich).

a)

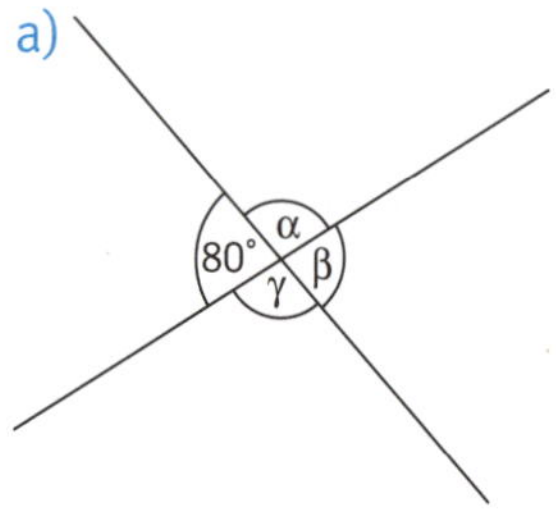

$\alpha =$ ______

$\beta =$ ______

$\gamma =$ ______

b)

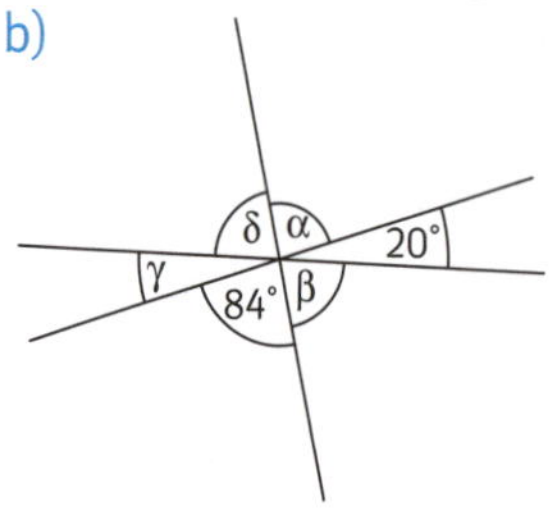

$\alpha =$ ______

$\beta =$ ______

$\gamma =$ ______

$\delta =$ ______

c)

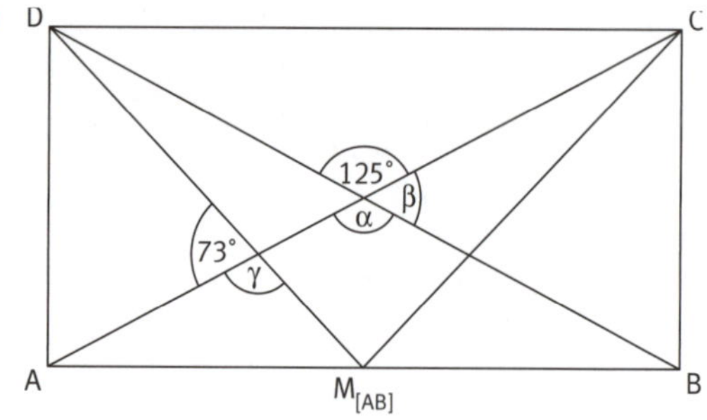

$\alpha =$ ______

$\beta =$ ______

$\gamma =$ ______

2 Welche Aussagen treffen für die nebenstehende Zeichnung zu? Kreuze an.

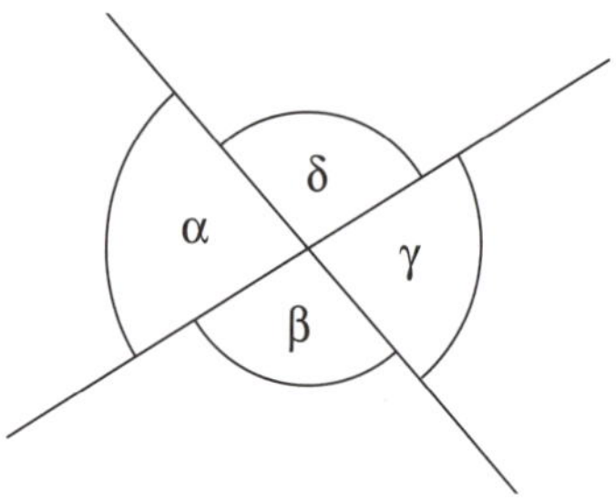

○ β und δ bzw. α und γ sind immer gleich groß.
○ Es können nie alle vier Winkel maßgleich sein.
○ Wenn α = 90° ist, dann sind alle Winkel gleich groß.
○ Nebenwinkel ergänzen sich zu 180°.
○ Wenn γ = 80° ist, dann ist δ doppelt so groß wie γ.
○ Ist α = 60°, dann ist β doppelt so groß wie α.
○ Gegenüberliegende Winkel sind maßgleich und heißen Scheitelwinkel.

3 Bestimme die fehlenden Winkelmaße.

a)

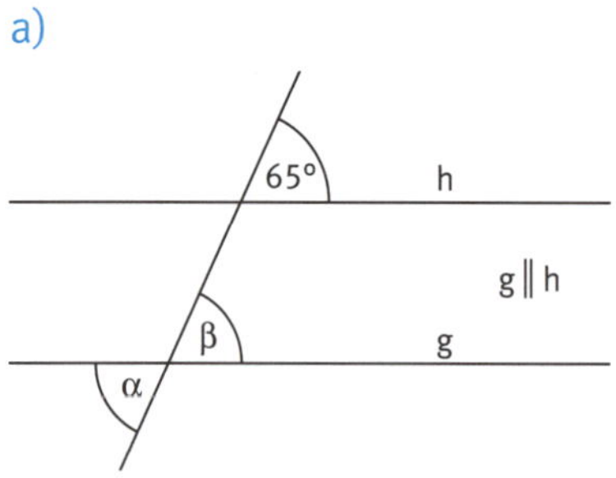

$\alpha =$ ______

$\beta =$ ______

b)

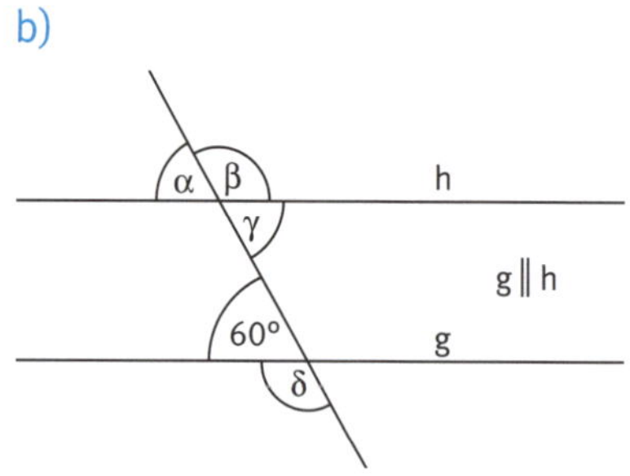

$\alpha =$ ______

$\beta =$ ______

$\gamma =$ ______ $\delta =$ ______

c)

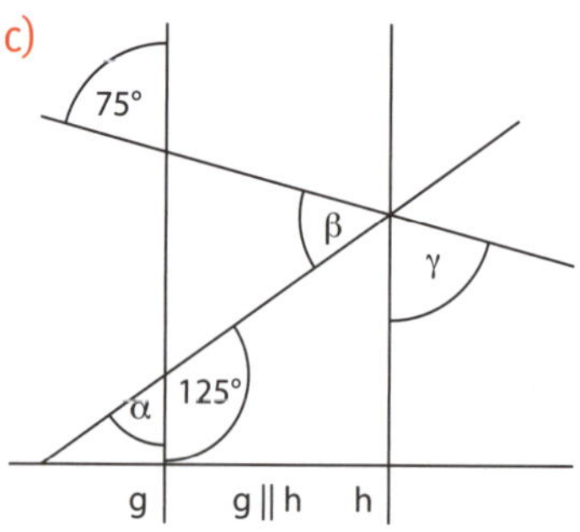

$\alpha =$ ______

$\beta =$ ______

$\gamma =$ ______

4 Untersuche die Flaggen auf Neben- und Scheitelwinkel. Verlängere dafür die entsprechenden Schenkel.

a)

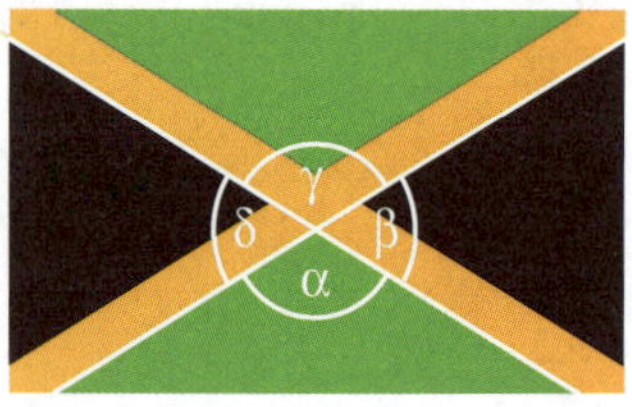

$\alpha =$ ______ $\beta =$ ______

$\gamma =$ ______ $\delta =$ ______

b)

______

______

c)

______

______

1 Dreiecke können ihre Position ändern. Trotzdem bleibt die Benennung der Ecken (gegen den Uhrzeigersinn), der Seiten (der jeweiligen Ecke gegenüber) und der Winkel gleich. Beschrifte richtig.
Zeichne in jedes Dreieck die angegebene Höhe h ein und miss ihre Länge.

a)
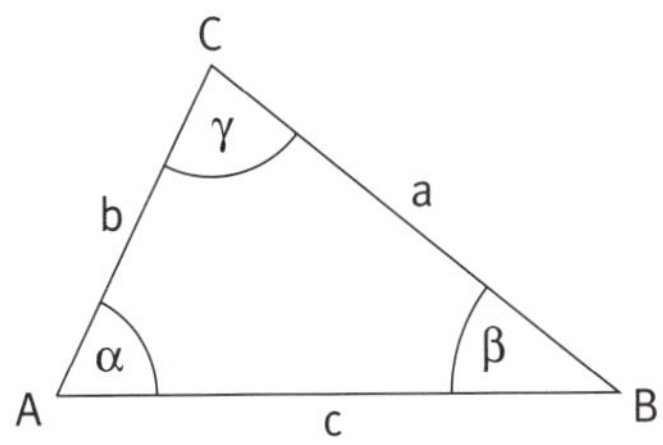

b)
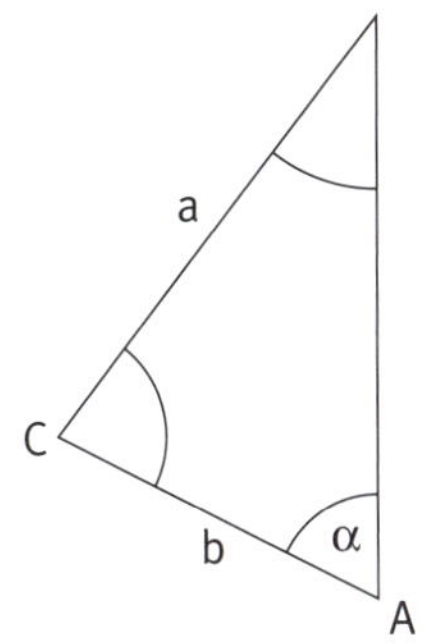

c)
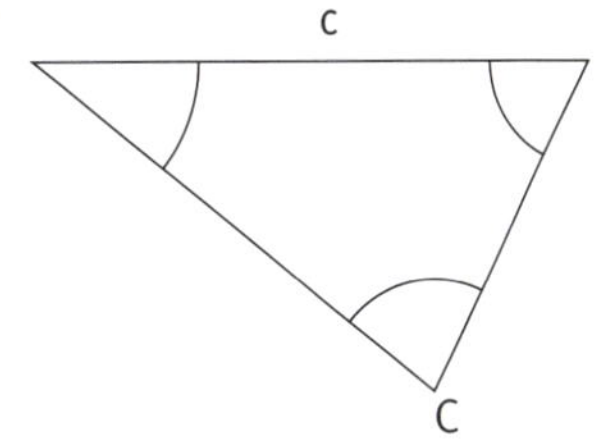

d)
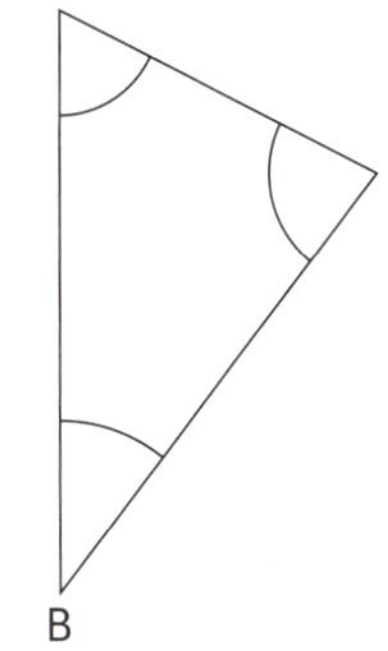

h_c = ____________ h_a = ____________ h_b = ____________ h_c = ____________

2 Ergänze die Konstruktionsbeschreibung einer Mittelsenkrechten.

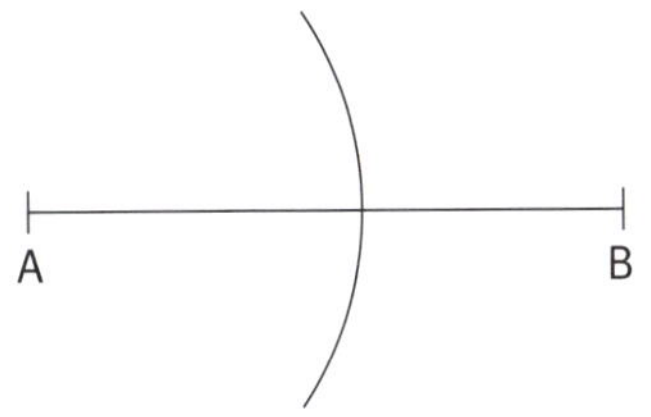

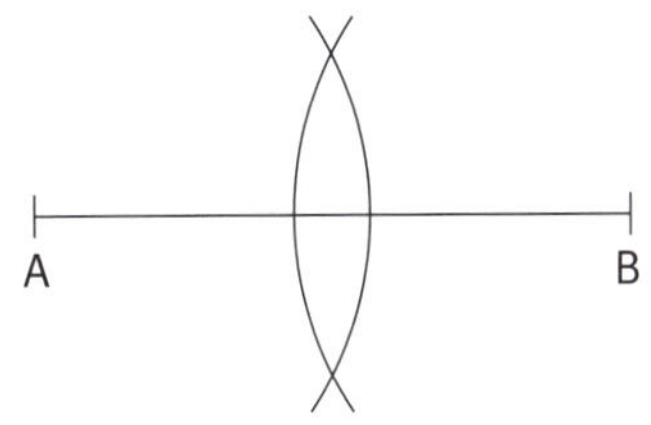

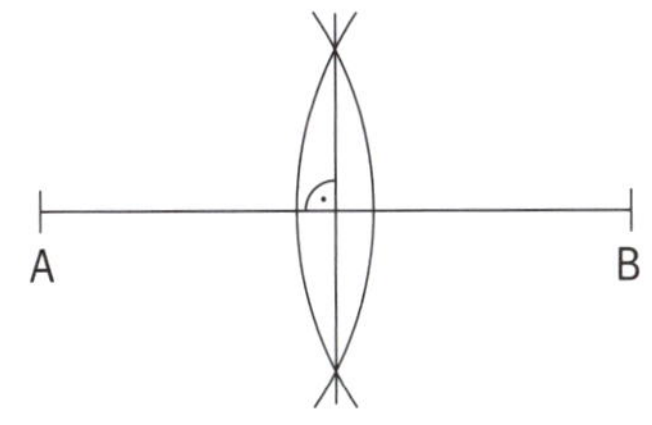

(1) Kreisbogen um A ($r > \frac{1}{2}AB$)

(2) ____________________ ____________________

(3) ____________________ ____________________

3 Zeichne die Dreiecke ABC mit A (1 | 1), B (13 | 1), C (3 | 6) und DEF mit D (9 | 3,5), E (15 | 2,5), F (12 | 7,5) in das Koordinatensystem.

a) Konstruiere im Dreieck ABC die Mittelsenkrechten und im Dreieck DEF die Seitenhalbierenden.

b) Wenn du sorgfältig gearbeitet hast, schneiden sich die Mittelsenkrechten und die Seitenhalbierenden in je einem Punkt M und S. Gib die Koordinaten an.

M (_____ | _____) S (_____ | _____)

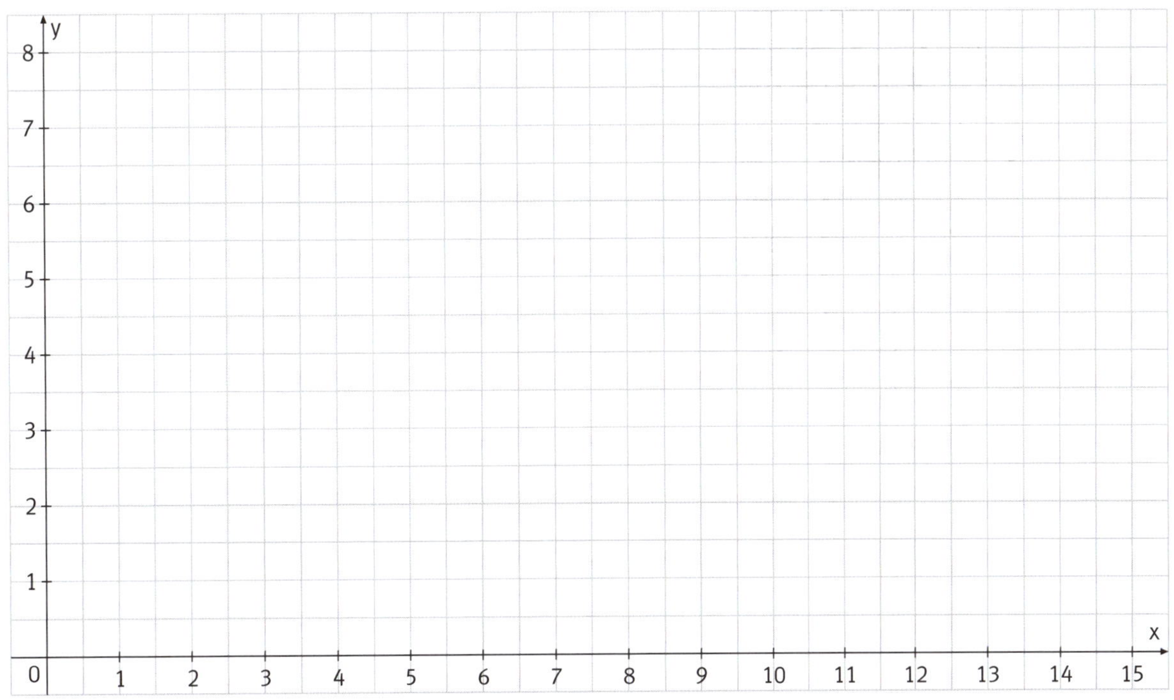

1 Vervollständige die Konstruktionen.

a) a = 2,5 cm; b = 4,5 cm; c = 5,5 cm

Planfigur (SSS) und Zeichnung:

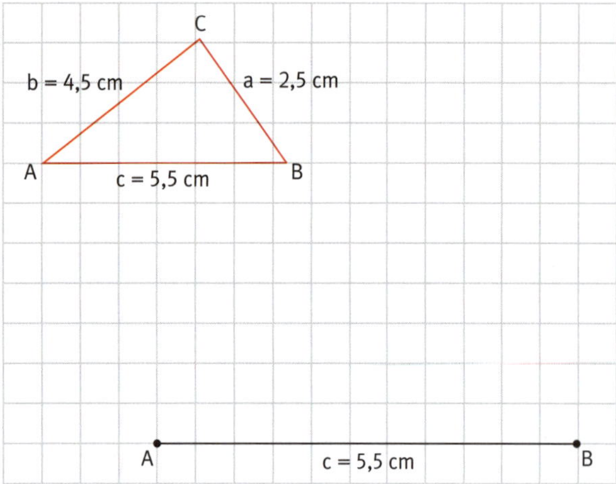

Beschreibung:

1. Zeichne die Seite c mit den Eckpunkten A und B.

2. Zeichne einen Kreis um A mit dem Radius b = 4,5 cm

b) $\alpha = 90°$; $\gamma = 40°$; b = 3,5 cm

Planfigur (________) und Zeichnung:

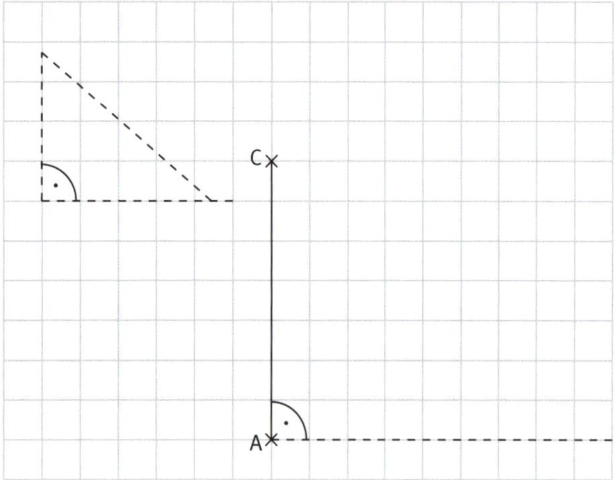

Beschreibung:

1. Zeichne die Seite b mit den Eckpunkten A und C.

2. Trage in A den Winkel

c) c = 4,5 cm; a = 6 cm; $\beta = 50°$

Planfigur (________) und Zeichnung:

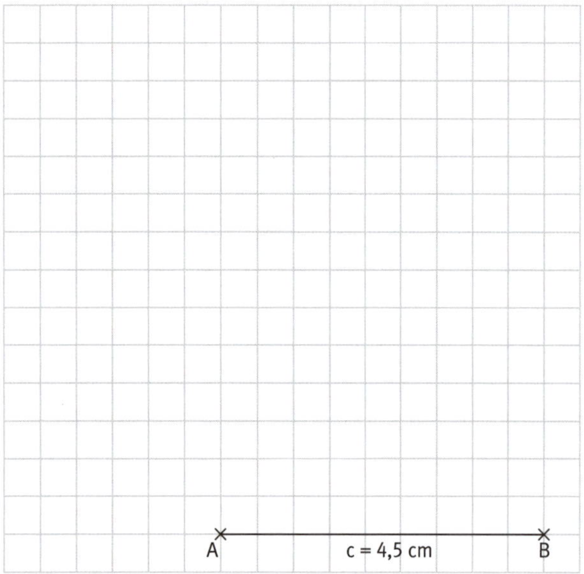

Beschreibung:

1 Welche Angaben fehlen noch, um Dreiecke konstruieren zu können?

a) c, β (______ oder ______) b) α, c (______ oder ______) c) a, b (______ oder ______)

d) c, b (______ oder ______) e) a, γ (______ oder ______) f) β, γ (______)

2 Konstruiere die Dreiecke. Kennzeichne zuerst die gegebenen Stücke in der Planfigur.

a) a = 6,2 cm
b = 5,8 cm
c = 7 cm

Planfigur:

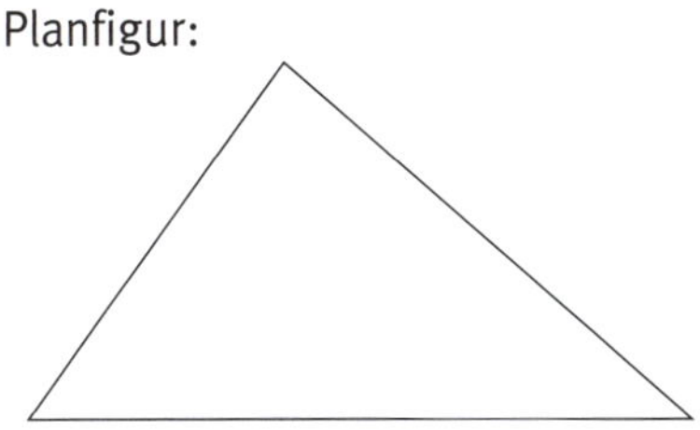

Kongruenzsatz: ______

b) a = 3,5 cm
c = 6 cm
β = 45°

Planfigur:

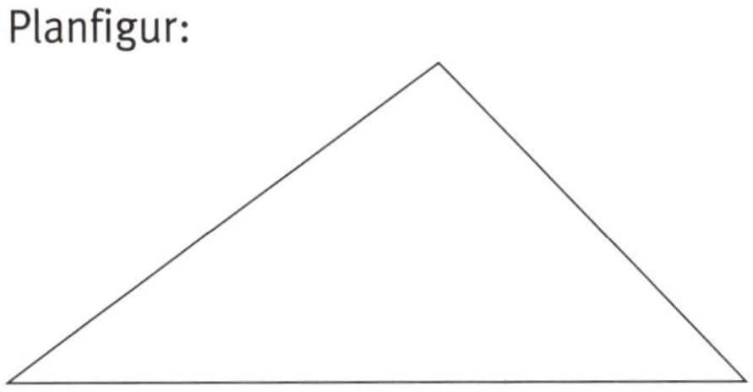

Kongruenzsatz: ______

c) α = 60°
β = 40°
c = 5,5 cm

Planfigur:

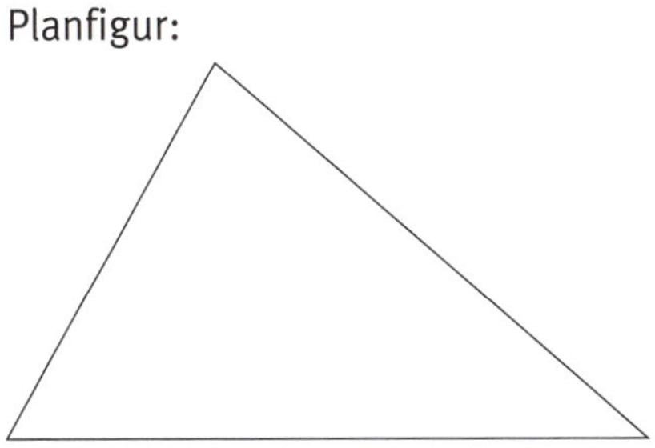

Kongruenzsatz: ______

1 Damit eine Arbeitsleiter sicher steht, muss der Abstand vom unteren Ende der Leiter bis zur Wand mindestens 2 m betragen. Der Maurer möchte mit dem höchsten Punkt seiner Leiter auf 4,5 m gelangen.

a) Ermittle zeichnerisch: reicht eine Leiter mit 5 m Länge? Wähle einen geeigneten Maßstab.

b) Lies aus der Zeichnung den Anstellwinkel α ab.

2 Bestimme im Maßstab 1 : 500 zeichnerisch den Einfallswinkel der Sonnenstrahlen.

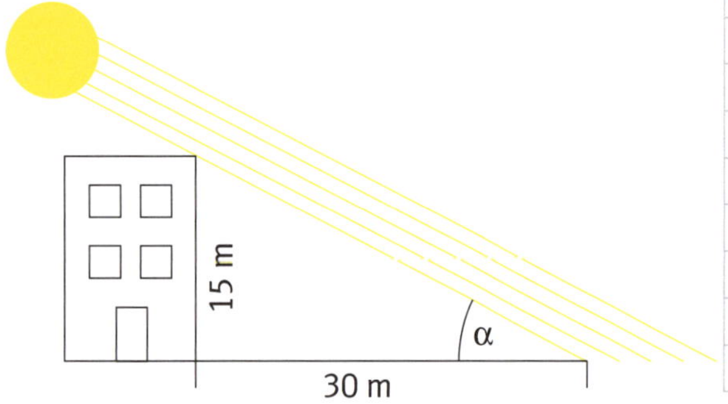

3 Konstruiere die Dreiecke. Es gibt jeweils zwei Möglichkeiten.

a) Ein Dreieck ist gleichschenklig und rechtwinklig. Eine Seite ist 3,5 cm lang.

b) Die Basis ist 4 cm lang. Ein Winkel beträgt 70°.

1 Ordne jedem Text einen Rechenausdruck zu.

Tobias hat bei seinem Vater 10 € und bei seiner Schwester 4 € Guthaben.	−10 − 4
Die Temperatur ist innerhalb einer Stunde von −10 °C um 4° gesunken.	−4 − 10
Der Pegelstand des Sees liegt bei −4 cm und fällt um 10 cm.	+10 + 4
Nafia hat 10 € Guthaben und 4 € Schulden.	10 − 4

2

Weltwetter

Athen	Schauer	15 °C
Tokio	heiter	9 °C
Paris	heiter	5 °C
Rom	Gewitter	10 °C
London	heiter	−2 °C
Moskau	bedeckt	−11 °C
New York	Schnee	−6 °C
Prag	heiter	−1 °C
Berlin	heiter	−3 °C

a) Welche Aussagen sind wahr (w), welche falsch (f)?

- ☐ In New York ist es um 18 °C kälter als in Rom.
- ☐ In Paris ist es um 6 °C wärmer als in Prag.
- ☐ Der Temperaturunterschied zwischen Moskau und Berlin beträgt 14 °C.
- ☐ Der Temperaturunterschied zwischen London und Tokio beträgt 11 °C.

b) Verbessere falsche Aussagen.

____

____

3 Das Diagramm zeigt die durchschnittlichen Monatstemperaturen von München und der Zugspitze.

a) Ordne den Graphen München und Zugspitze zu.

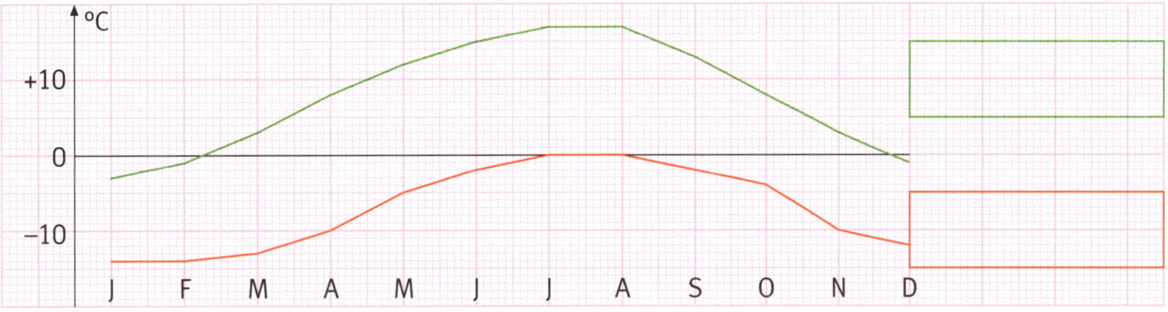

b) Notiere für alle Monate den jeweiligen Unterschied.

Jan.: ______ Febr.: ______ März: ______ April: ______ Mai: ______ Juni: ______

Juli: ______ Aug.: ______ Sept.: ______ Okt.: ______ Nov.: ______ Dez.: ______

4 Zeichne den Graphen für die durchschnittlichen Monatstemperaturen in Berlin.

Jan.: −4 °C	Febr.: −3 °C
März: −1 °C	April: 3 °C
Mai: 7 °C	Juni: 11 °C
Juli: 12 °C	Aug.: 12 °C
Sept.: 9 °C	Okt.: 5 °C
Nov.: 1 °C	Dez.: −2 °C

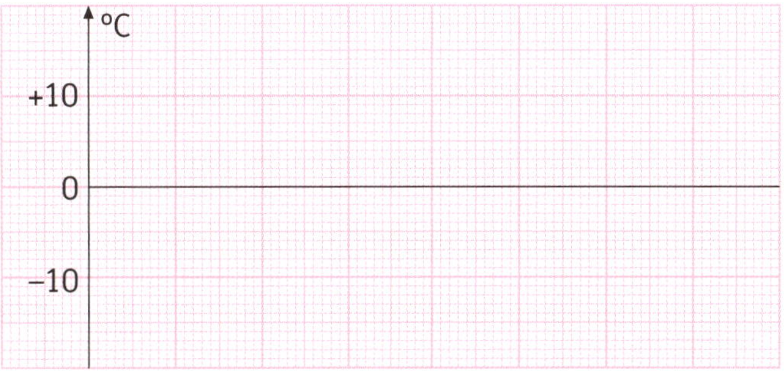

1 a) Auf welche Zahl zeigt der Pfeil?

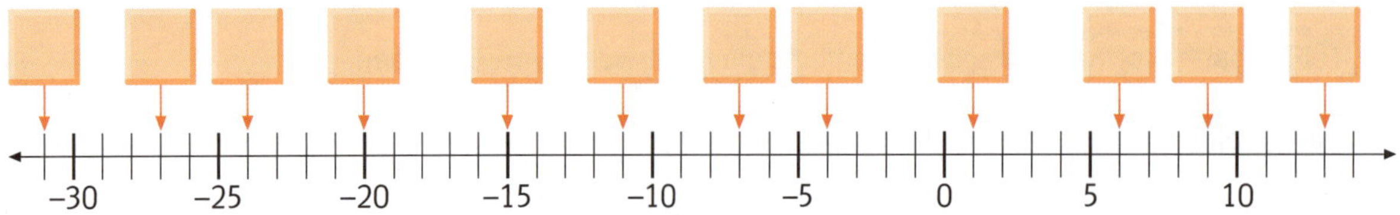

b) Verbinde die Zahlen mit der richtigen Stelle auf der Zahlengeraden.

–62 | –59 | –45 | –12 | –31 | –5 | +6 | +22

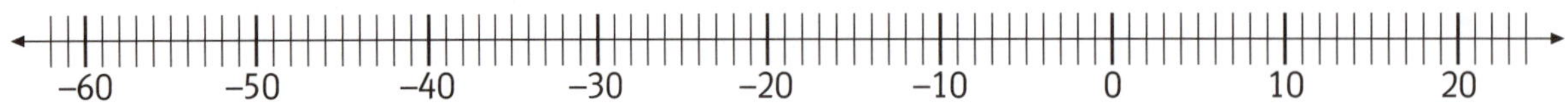

2 Ordne die Dezimalzahlen zu, indem du sie mit der richtigen Stelle auf der Zahlengeraden verbindest.

0,15 | 0,75 | 0,25 | 0,6 | 0,7

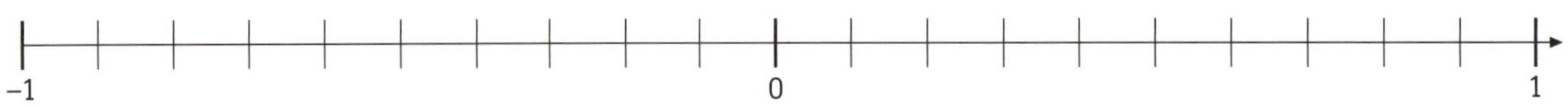

– 0,35 | – 0,05 | – 0,95 | – 0,1 | – 0,8

3 Welche Dezimalzahlen sind markiert?

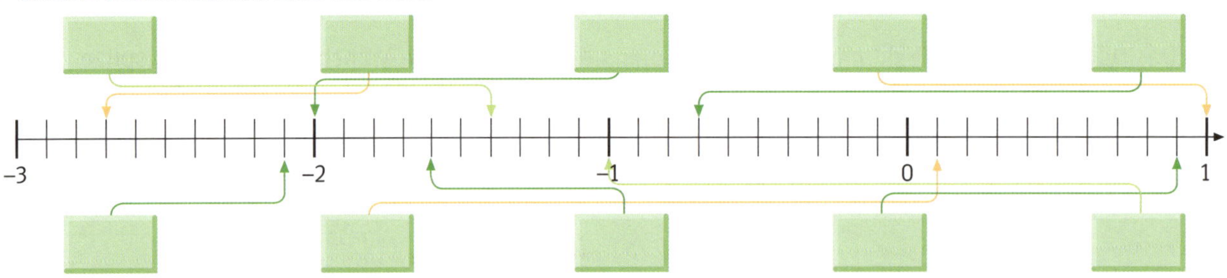

4 Ordne die folgenden Brüche der Zahlengerade zu.

$-\frac{3}{10}$ | $-\frac{1}{2}$ | $1\frac{1}{5}$ | $\frac{4}{5}$ | $\frac{8}{10}$

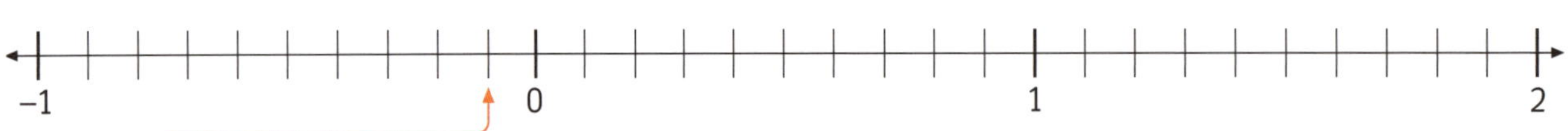

$-\frac{1}{10}$ | $1\frac{1}{10}$ | $-\frac{4}{5}$ | $\frac{7}{5}$ | $1\frac{4}{10}$

5 Susanne hat einige Zahlen falsch abgelesen. Finde diese und schreibe sie richtig darunter.

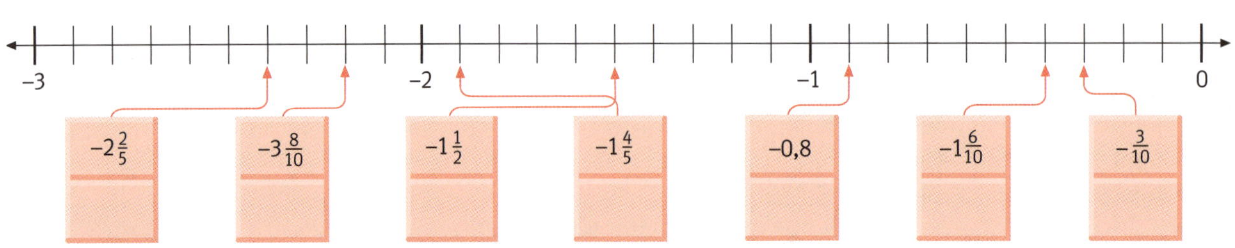

$-2\frac{2}{5}$ | $-3\frac{8}{10}$ | $-1\frac{1}{2}$ | $-1\frac{4}{5}$ | –0,8 | $-1\frac{6}{10}$ | $-\frac{3}{10}$

1 Notiere mit dem entsprechenden Vorzeichen.

a) 15 °C über Null: ______ b) 6 °C unter Null: ______ c) 21 °C unter Null: ______

d) 9 °C unter Null: ______ e) 29 °C über Null: ______ f) 1 °C unter Null: ______

2 Kreise die niedrigere Temperatur ein.

a) 17 °C oder 14 °C b) 5 °C oder −6 °C c) −3 °C oder 3 °C d) −4 °C oder −10 °C

e) −21 °C oder −2 °C f) 17 °C oder −17 °C g) 0 °C oder −3 °C h) −5 °C oder −6 °C

i) 1,1 °C oder 1,7 °C j) −2,5 °C oder 2,5 °C k) −1,8 °C oder −2,1 °C l) −4,5 °C oder −4,51 °C

3 Ordne die Zahlen der Größe nach.

a) Beginne mit der kleinsten Zahl:

−3 | 4 | −9 | −6 | 7 | 6 | −1 ______

35 | −22 | −35 | −76 | 0 | −62 ______

−1,5 | 2,8 | 0 | −3,4 | 0,5 | −0,7 ______

b) Beginne mit der größten Zahl:

−12 | −9 | 6 | 3 | −6 | 1 | −2 ______

28 | −19 | −11 | 51 | −34 | −44 ______

4,6 | −3,7 | −1,4 | 0,6 | −0,1 | 2,8 ______

4 Vergleiche (> oder <) und notiere alle ganzen Zahlen, die dazwischen liegen.

a) −2 ☐ 3 ______ b) −2 ☐ −8 ______

c) 0 ☐ −5 ______ d) −11 ☐ −16 ______

5 Setze die Zahlenfolge um sechs weitere Zahlen fort.

a) +14 ▶ +8 ▶ +2 ▶ −4 ▶ ____ ▶ ____ ▶ ____ ▶ ____ ▶ ____ ▶ ____

b) −29 ▶ −24 ▶ −19 ▶ −14 ▶ ____ ▶ ____ ▶ ____ ▶ ____ ▶ ____ ▶ ____

c) +10 ▶ +9 ▶ +7 ▶ +4 ▶ ____ ▶ ____ ▶ ____ ▶ ____ ▶ ____ ▶ ____

d) 2,5 ▶ 2 ▶ 1,5 ▶ 1 ▶ ____ ▶ ____ ▶ ____ ▶ ____ ▶ ____ ▶ ____

6 Fülle die Tabellen aus.

a)

Vorgänger		+4	
Zahl	−19		
Nachfolger			+1

b)

Zahl	−8	+2,5	$-\frac{1}{2}$
Gegenzahl			
Betrag			

7 Notiere mindestens eine Zahl, die zwischen den beiden angegebenen liegt.

a) 0,25 und 3 b) −0,75 und $-\frac{1}{2}$ c) $-\frac{3}{7}$ und $\frac{2}{7}$ d) $\frac{1}{5}$ und $\frac{2}{5}$

______ ______ ______ ______

1 Im Koordinatensystem siehst du ein halbes Mondgesicht.
a) Spiegle das Gesicht an der y-Achse.
b) Bestimme die Koordinaten der Bildpunkte.

A' (_____|_____) B' (_____|_____)

C' (_____|_____) D' (_____|_____)

E' (_____|_____) F' (_____|_____)

G' (_____|_____) H' (_____|_____)

I' (_____|_____) J' (_____|_____)

K' (_____|_____) L' (_____|_____)

M' (_____|_____) N' (_____|_____)

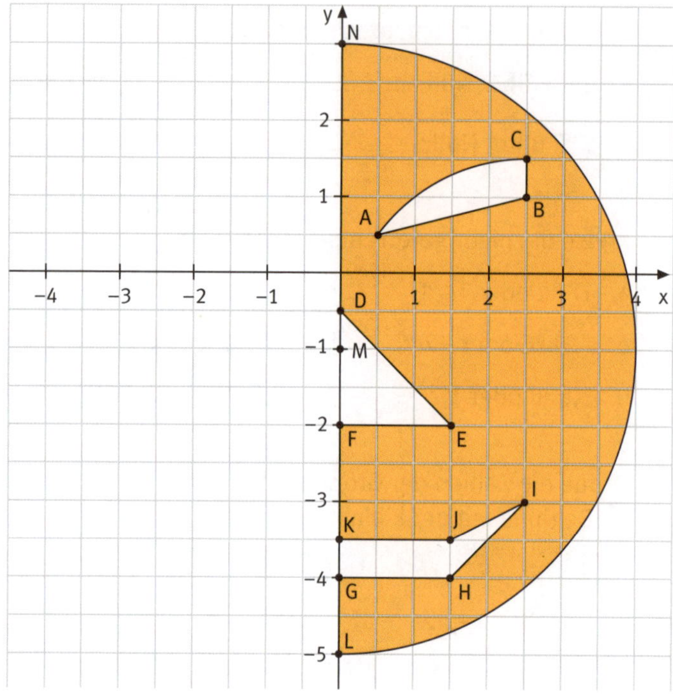

2 Entscheide, in welchem Quadranten bzw. auf welcher Achse die Punkte jeweils liegen. Markiere den zugehörigen Lösungsbuchstaben. Dann erhältst du Zeile für Zeile gelesen ein Lösungswort.

	P (−2|3,5)	Q (−0,2|0)	R (1,7|−3)	S (−8|14)	T (2,5|1,1)	U (−7|1,3)	V (0|−5,1)	W (1,1|−7)	X (1,8|9)	Y (−8|−9)
I. Quadrant	T	O	M	P	S	A	Y	P	O	T
II. Quadrant	M	L	I	M	N	E	D	O	U	B
III. Quadrant	S	A	L	B	E	I	G	E	L	R
IV. Quadrant	C	H	F	L	O	E	U	E	A	V
x-Achse	K	S	R	G	I	J	Q	R	P	S
y-Achse	M	A	N	U	H	K	T	E	L	A

Lösungswort: ____________________

3 Zeichne die Punkte in das Koordinatensystem ein und verbinde sie in alphabetischer Reihenfolge. Kehre anschließend zu A zurück.

A (−4|2)   B (−3,3|3)
C (−2|4)   D (1|3,8)
E (3|2,3)   F (4|2)
G (5,2|4)   H (4,9|1,4)
I (5,5|−1)   J (4|0,5)
K (2,1|−0,6)   L (−1|−0,7)
M (−3|0)   N (−3,9|0,8)
O (−4,3|1,3)

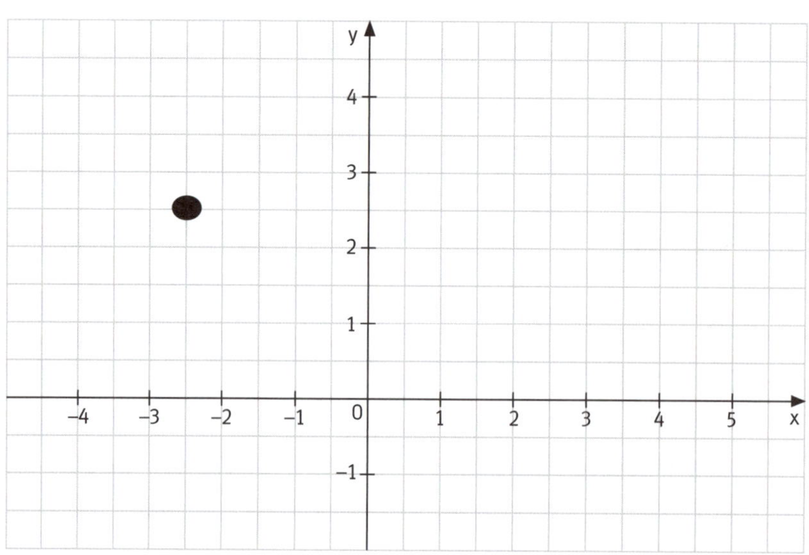

1 Notiere zu jedem Pfeilschema den Rechenplan und berechne.

a)

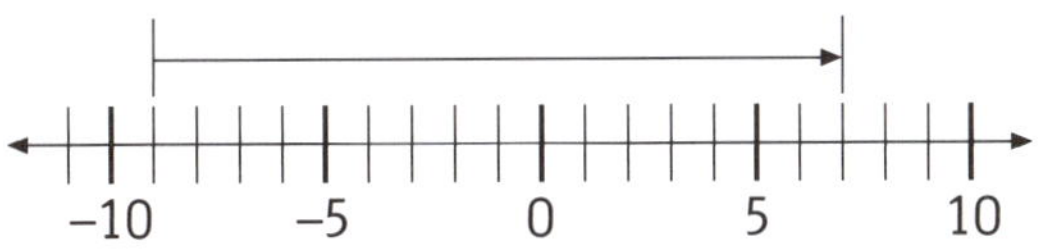

____

b)

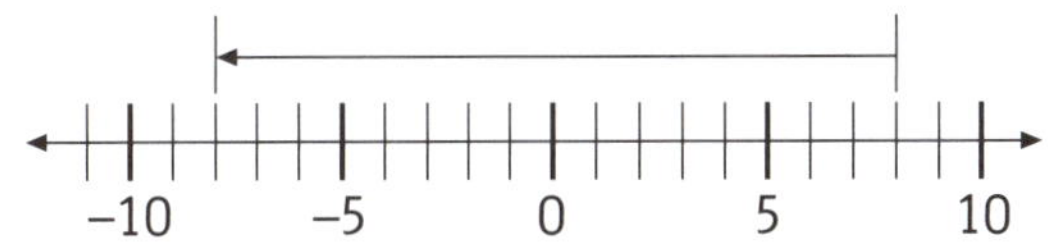

____

c)

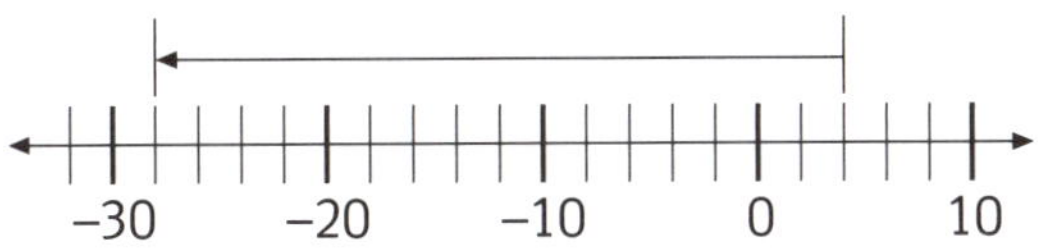

____

d)

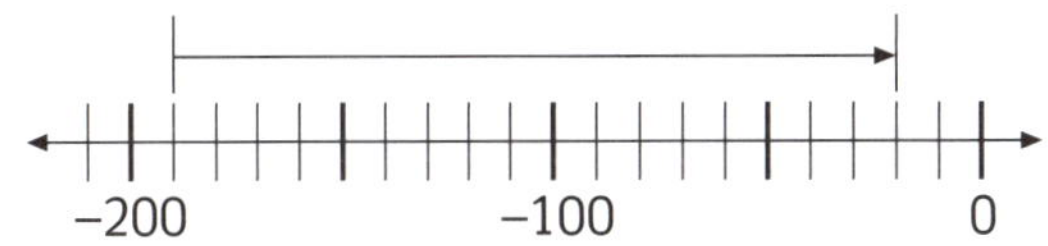

____

2 Zeichne die Rechenpläne als Pfeil an die Zahlengerade und berechne.

a) –12 + 17 = ______

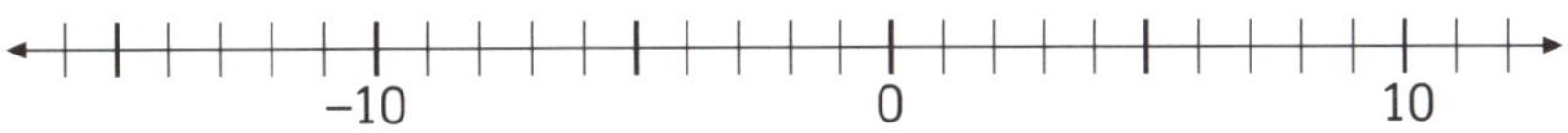

b) 4 – 23 = ______

c) 20 – 50 = ______

3 Ordne jeder Aufgabe die vereinfachte Aufgabe zu und berechne.

a)

(+8) + (+12)	8 + 12 =
(+8) + (–12)	8 + 12 =
(+8) – (+12)	8 – 12 =
(+8) – (–12)	8 – 12 =

b)

(–8) + (+12)	–8 + 12 =
(–8) + (–12)	–8 + 12 =
(–8) – (+12)	–8 – 12 =
(–8) – (–12)	–8 – 12 =

4 Notiere ohne Klammern und berechne.

a) 3,8 + (+1,3)
= ______
= ______

b) (–5,2) + (+4,1)
= ______
= ______

c) 8,7 + (–9,6)
= ______
= ______

d) –2,5 + (–3,6)
= ______
= ______

e) 15,1 – (+12,1)
= ______
= ______

f) (–3,5) – (–6,3)
= ______
= ______

g) 9,6 – (+3,8)
= ______
= ______

h) (–4,7) – (+4,7)
= ______
= ______

5 Berechne.

a) 19 – 5 = ______
b) –7 – 8 = ______
c) –16 + 18 = ______
d) –8 + 16 = ______
e) 100 – 86 = ______
f) 64 – 53 = ______
g) 4,5 – 8,5 = ______
h) –3 + 0,7 = ______
i) 6,3 – 7 = ______

1 Ergänze die fehlenden Zahlen.

a) 10 ⇒ −7 ⇒ ☐ ⇒ −5 ⇒ ☐ ⇒ +3 ⇒ ☐ ⇒ −9 ⇒ ☐

b) −5 ⇒ −8 ⇒ ☐ ⇒ +15 ⇒ ☐ ⇒ −23 ⇒ ☐ ⇒ +30 ⇒ ☐

c) 22 ⇒ −18 ⇒ ☐ ⇒ −9 ⇒ ☐ ⇒ +7 ⇒ ☐ ⇒ −16 ⇒ ☐

2 Ergänze.

a) 18 − 12 − 7 = ☐ b) ☐ − 25 − 2 = −3 c) −23 + ☐ + 17 = 9

d) ☐ + 44 − 12 = 12 e) 11 + 29 − ☐ = −40 f) 41 − 32 − 4 − ☐ = 0

g) −20 + 67 − ☐ = 50 h) ☐ + 19 + 34 = −2 i) ☐ + 90 + 25 = 100

3 Ergänze die Zahlenmauern. Benachbarte Zahlen werden addiert.

a)
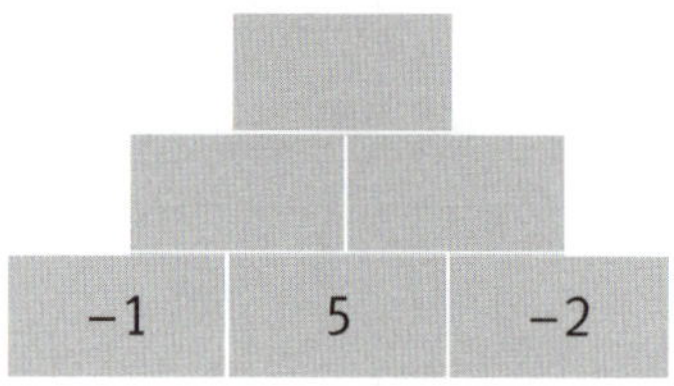

b)
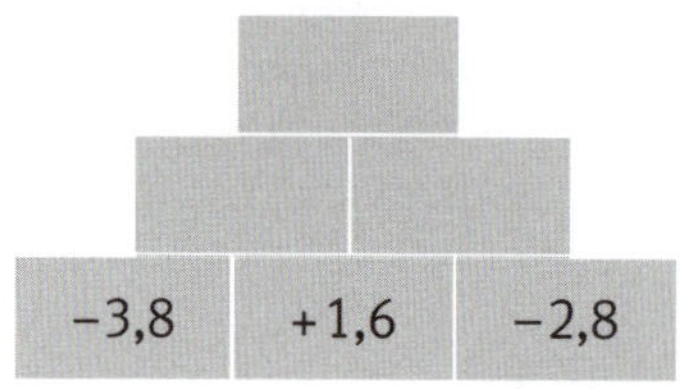

c)
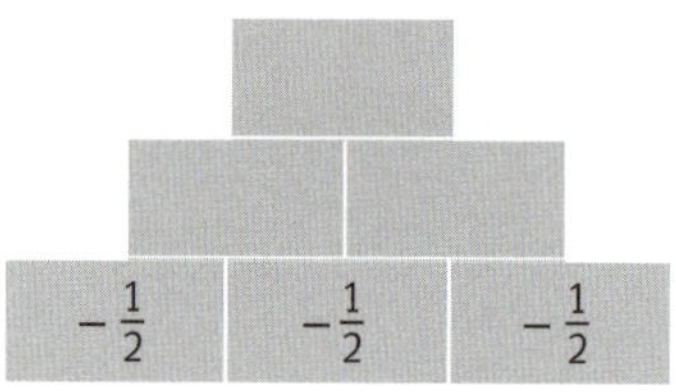

e)
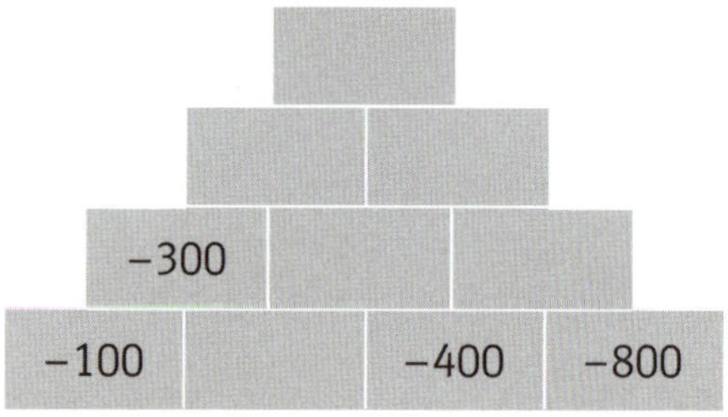

f)
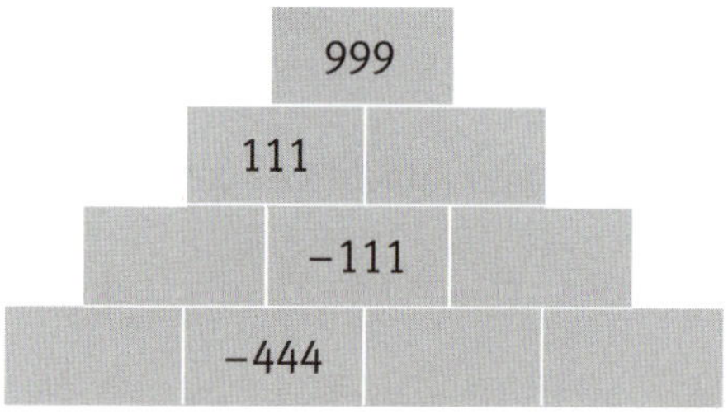

4 Ergänze die Tabelle.

a)

alter Kontostand	Buchung	neuer Kontostand
365 €	−480 €	
−230 €	+620 €	
−105 €	−345 €	
−425 €	+175 €	

b)

alter Kontostand	Buchung	neuer Kontostand
+783,50 €	−800,20 €	
−222,70 €		−722,70 €
	−385,00 €	+1 000,00 €
	−175,50 €	−550,00 €

5 Welche Zahl wurde addiert oder subtrahiert? Achte auf die Pfeilrichtung.

a)
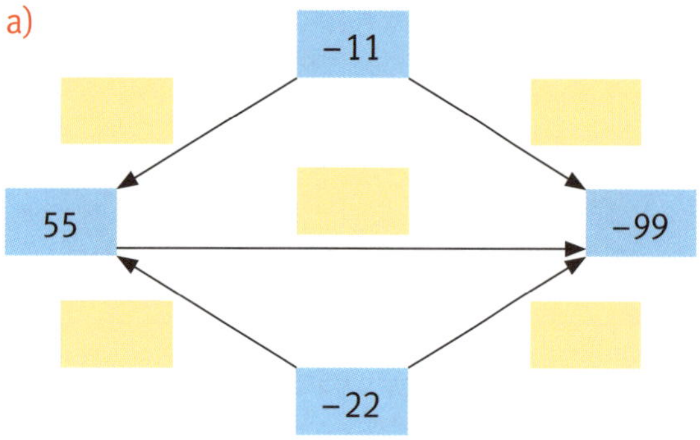

b)
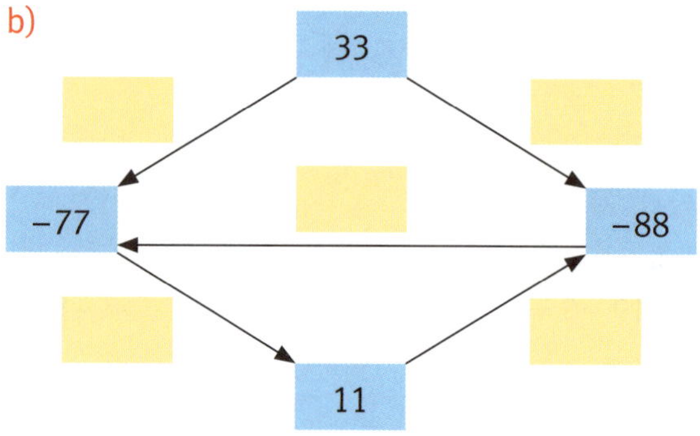

1 Berechne.

a) $3 \cdot 15 =$ ______ b) $-8 \cdot (-8) =$ ______ c) $-7 \cdot 6 =$ ______

d) $4 \cdot 18 =$ ______ e) $9 \cdot (-12) =$ ______ f) $-8 \cdot (-25) =$ ______

g) $81 : (-9) =$ ______ h) $-72 : 8 =$ ______ i) $-48 : (-12) =$ ______

j) $144 : (-12) =$ ______ k) $-225 : (-25) =$ ______ l) $-121 : 11 =$ ______

2 Überschlage und trage eines der vier Auswahlergebnisse als Lösung ein.

3,1 | −3,1 | −20,9 | 20,9

a) $(-22) \cdot 0{,}95 \approx$ ______
$(-22) \cdot 0{,}95 =$ ______

b) $(-79{,}42) : (-3{,}8) \approx$ ______
$(-79{,}42) : (-3{,}8) =$ ______

c) $(-12{,}4) : 4 \approx$ ______
$(-12{,}4) : 4 =$ ______

d) $(-8{,}37) : (-2{,}7) \approx$ ______
$(-8{,}37) : (-2{,}7) =$ ______

3 Notiere auf verschiedene Arten als Produkt mit zwei Faktoren.

a) $+40 =$ ______ b) $-72 =$ ______ c) $-121 =$ ______
$+40 =$ ______ $-72 =$ ______ $-121 =$ ______

d) $+55 =$ ______ e) $+84 =$ ______ f) $-169 =$ ______
$+55 =$ ______ $+84 =$ ______ $-169 =$ ______

4 Setze fehlende Zahlen oder Vorzeichen ein.

a) (___ 6) · (−9) = −54 b) (−128) : (___ 32) = (− ___) c) (−8) · (___ 12) = (+ ___)

d) (−13) · (−13) = ___ e) (+15) · (−15) = ___ f) (−256) : (−16) = ___

g) ___ $\cdot \frac{1}{3} = -3$ h) ___ · ___ $= -\frac{1}{25}$ i) −5 · ___ = −4

5 a)

2. Faktor / 1. Faktor	13	−20	
−12			
		300	240
	−1300		

b)

Divisor / Dividend	−2	−12	24
−144			
72			
	−600		

c)

2. Faktor / 1. Faktor	−0,5	5	−4
−10			
+5,4			
−20			

d)

Divisor / Dividend	−0,6	0,8	−0,1
−1,2		−1,5	
−4,8			48
+9,6			

6 Setze die Zahlenreihen fort.

a) 3 ▶ −6 ▶ 12 ▶ −24 ▶ ______ ▶ ______ ▶ ______ ▶ ______ ▶ ______ ▶ ______

b) 2 ▶ −2 ▶ 4 ▶ −12 ▶ ______ ▶ ______ ▶ ______ ▶ ______ ▶ ______ ▶ ______

c) 243 ▶ 81 ▶ 27 ▶ 9 ▶ ______ ▶ ______ ▶ ______ ▶ ______ ▶ ______ ▶ ______

1 Berechne schrittweise, unterstreiche zuerst die Punktrechnung.

a) $4 \cdot (-5) + 6 \cdot (-3)$ = -20 − 18 = ______

b) $-8 \cdot (-6) + 9 \cdot 7$ = ______ = ______

c) $12 \cdot 3 - 11 \cdot (-5)$ = ______ = ______

d) $20 : 4 - 15 : 5$ = ______ = ______

e) $50 - 3 \cdot 6 + 20 : 4$ = ______ = ______

f) $5{,}6 \cdot (-10) + (-3{,}5) \cdot (-4)$ = ______ = ______

2 Berechne schrittweise, unterstreiche zuerst die Klammer.

a) $4 \cdot (-13 - 12)$ = ______ = ______

b) $(5 - 8) \cdot (-4)$ = ______ = ______

c) $(41 - 20) : (-7)$ = ______ = ______

d) $(-4{,}7 - 5{,}2) \cdot (4{,}1 - 2{,}8)$ = ______ = ______

e) $(32 - 38) + 6 \cdot (-7) + 55$ = ______ = ______

3 Notiere jeweils eine Aufgabe und berechne.

a)

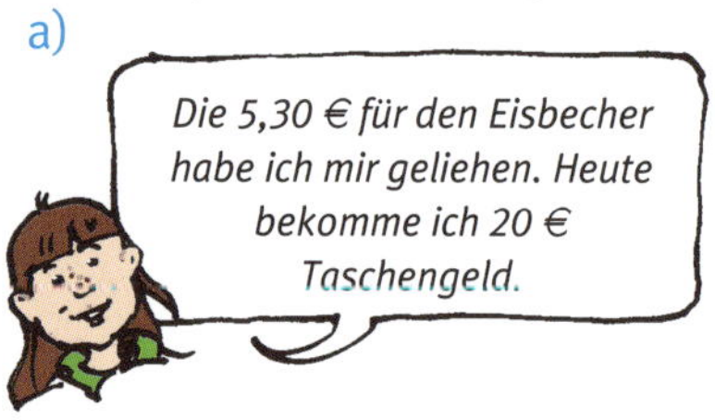

b)

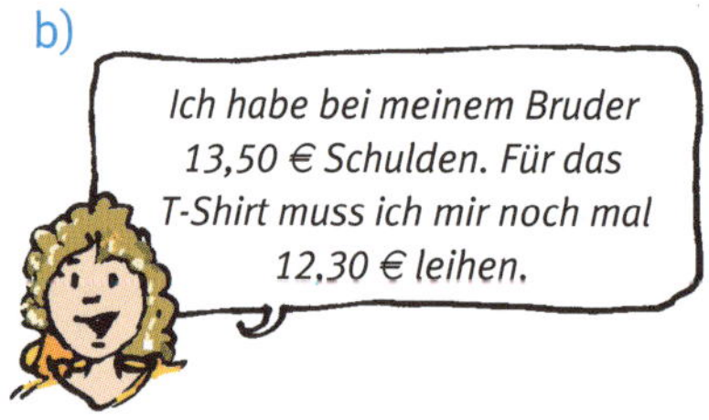

c)

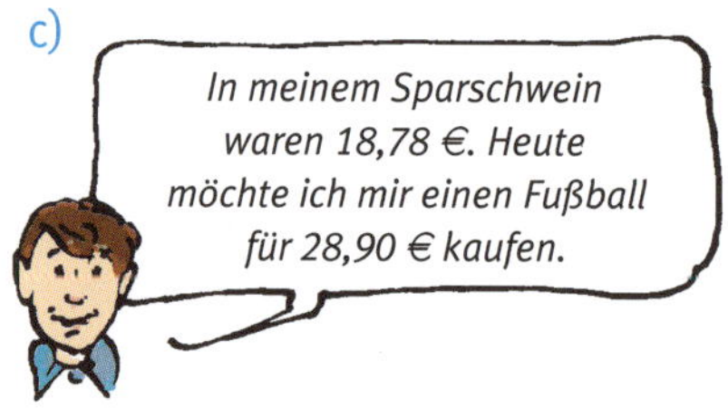

4 Schreibe zu jedem Text eine Aufgabe und notiere das Ergebnis.

Text	Aufgabe	Ergebnis
Multipliziere die Summe aus −12 und 8 mit 5.		
Vermehre das Produkt aus −8 und −4 um 24.		
Subtrahiere vom Quotienten aus 99 und 11 die Zahl 10.		

5 Stelle mit den blauen Karten Aufgaben zusammen, die in die Tabelle passen. Dabei dürfen die Karten + und − nur als Vorzeichen, die Karten · und : nur als Rechenzeichen verwendet werden. Es müssen nicht alle Karten verwendet werden, Vorzeichen dürfen auch mehrmals eingesetzt werden.

7,2 4,5 + − · :

	Ergebnis positiv	Ergebnis negativ
Aufgabe		
	höchster Wert	geringster Wert
Aufgabe		

1 In Berlin hat Silke im Januar drei Wochen lang folgende Mittagstemperaturen (in °C) gemessen.

Woche 1:

Tag	Mo	Di	Mi	Do	Fr	Sa	So
°C	–7	–2	3	5	–1	–8	–11

Woche 2:

Tag	Mo	Di	Mi	Do	Fr	Sa	So
°C	–10	–7	0	4	6	–1	–6

Woche 3:

Tag	Mo	Di	Mi	Do	Fr	Sa	So
°C	■	■	0	–5	–1	–8	–11

a) Berechne die Durchschnittstemperaturen der Woche 1 und Woche 2. In welcher Woche war es durchschnittlich wärmer?

b) In der dritten Woche lag die Durchschnittstemperatur bei –4°C. Wie warm könnte es am Montag und Dienstag gewesen sein?

2 Dilara führt gewissenhaft Buch über die Einnahmen und Ausgaben der Klassenkasse.
Berechne den Stand der Klassenkasse Ende Februar.

Klassenkasse 7a

Anfangsbestand: 7,75 €

Januar
Beiträge +34,50 €
Geburtstagsgeschenke: –8,65 €

Februar
Beiträge +34,50 €

Klassenfahrt –75,00 €
Bastelmaterial –13,85 €
Zuschuss Förderverein +50,00 €

Stand ■ €

3 Schüler schätzen die Höhe eines Hauses. Beim genauen Messen stellen sie fest, dass das Haus 9,75 m hoch ist.
Sie bestimmen die Abweichungen von ihren Schätzungen.

Abweichungen der Schätzungen von der gemessenen Höhe:

Jonas:	+0,25 m	*Matthias:*	–1,25 m
Celina:	–0,75 m	*Sarah:*	–1,75 m
Kaan:	+1,25 m	*Peter:*	–0,75 m
Zoe:	+0,50 m	*Marvin:*	–0,25 m

a) Wer hat am genauesten geschätzt; wer am schlechtesten?

b) Wurde im Durchschnitt die Haushöhe unter- oder überschätzt?

1 Ordne der Textaufgabe den richtigen Term zu und berechne.

a) Subtrahiere von 108 die Zahlen 21 und 9. → Dividiere durch 3. → Addiere 19 dazu.

- ◯ (108 – 21 – 9) : 3 – 19
- ◯ (108 + 21 – 9) : 3 + 19
- ◯ (108 – 21 – 9) : 3 + 19

Ergebnis: ____________________

b) Multipliziere die Zahl 8 mit 9. → Subtrahiere davon die Summe aus 2 und 5. → Addiere die Zahl 5.

- ◯ (8 : 9) + (2 – 5) + 5
- ◯ (8 · 9) + (2 + 5) – 5
- ◯ (8 · 9) – (2 + 5) + 5

Ergebnis: ____________________

2 Ergänze die Tabelle.

Text	Term
Subtrahiere 3 von 7.	
Multipliziere 6 mit 12.	
Addiere 12 zu 6.	
Dividiere 39 durch 13.	
	5 + 13
	7 – 12

Text	Term
Das Produkt aus 5 und 3.	
Der Quotient aus 8 und 4.	
Die Summe aus 12 und 18.	
Die Differenz aus 15 und 7.	
	240 : 24
	13 · 13

3 Schreibe als Term und berechne.

	Term	Ergebnis
Karim hat 20 €. Er kauft 4 Paar Socken für je 4,50 €		
Herr Werner pflanzt in seinem Garten 8 Reihen mit je 5 Pflanzen und 2 Reihen mit je 4 Pflanzen.		
Sven kauft sich eine Kugel Schokoladeneis, eine Kugel Erdbeereis und eine Kugel Vanilleeis. Eine Kugel kostet 0,90 €.		
Timo, Hanna und Alex teilen sich eine Tafel Schokolade mit 18 Stücken.		
Maya bekommt 15 € geschenkt. Sie gibt 2,50 € für eine Zeitschrift und 10 € für ein PC-Spiel aus.		

4 Stelle einen Term für den Umfang der Figur auf und berechne.

a)

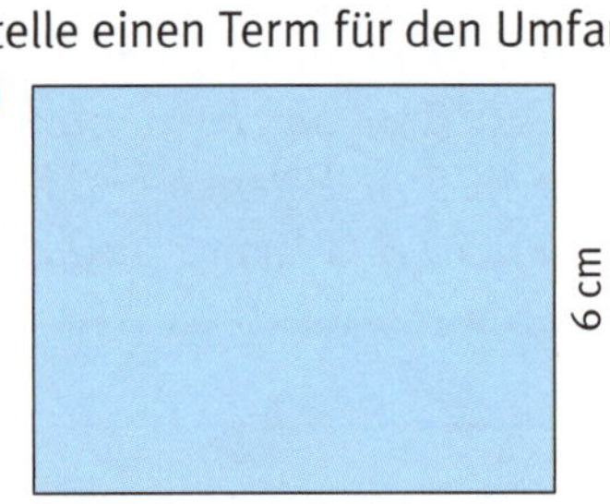

____

____

____

b)

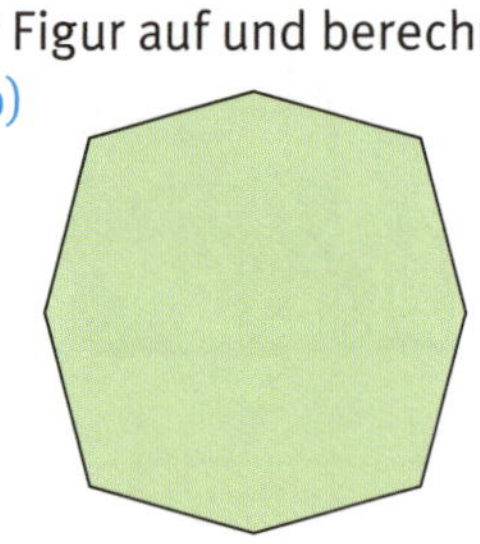

Alle Seiten 3 cm lang

____

____

____

c)

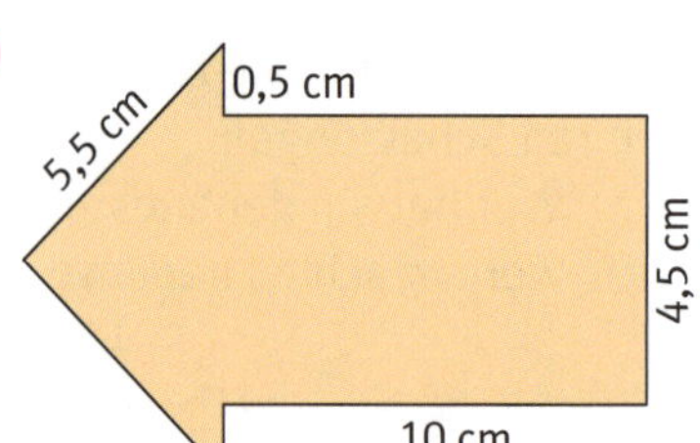

____

____

____

1 Welcher Term passt zu welcher Aufgabe? Wofür steht jeweils x?

$x + 3$ | $x \cdot 3$ | $x : 3$ | $x - 3$ | $20x - 10$ | $10x - 20$ | $20x + 10$ | $10x + 20$

a) Lea bezahlt drei Brötchen.

x: ______

b) Simon hat 3 € zu wenig dabei.

c) Der Eintritt wird für 20 Kinder um 10 € billiger.

d) Ein Lkw hat 10 Kisten zu je x kg und eine Kiste mit 20 kg geladen.

2 Schreibe als Term mit einer Variablen.

a) Addiere zu einer Zahl 111.

b) Multipliziere eine Zahl mit 25.

c) Subtrahiere eine Zahl von 66.

d) Dividiere 86 durch eine Zahl.

e) Die Summe aus x und 9

f) Die Differenz aus x und 4

g) Das Produkt aus 9 und x

h) Der Quotient aus x und 3

3 Formuliere zu jedem Term einen passenden Text.

a) $x - 88$

b) $144 : y$

c) $36 + 4 \cdot z$

4 Setze für die Variable die angegebenen Zahlen ein und berechne den Wert des Terms.

z	$7 - z$	$2 \cdot z$	$4 \cdot z - 2$	$12 - 3z$	$(z + 5) \cdot 8$
1					
2					
3					
0,5					

5 Verbinde jede Figur mit dem Term, der zu ihrer Umfangsberechnung passt. Vier Terme bleiben übrig.

$2x + 2y$ | $x + 10 + 6$ | $x + 2 \cdot 6 + 10$ | $4x$ | $x + y$ | $2x + 6$ | $2x + 2 \cdot 6$ | $x + 2y$

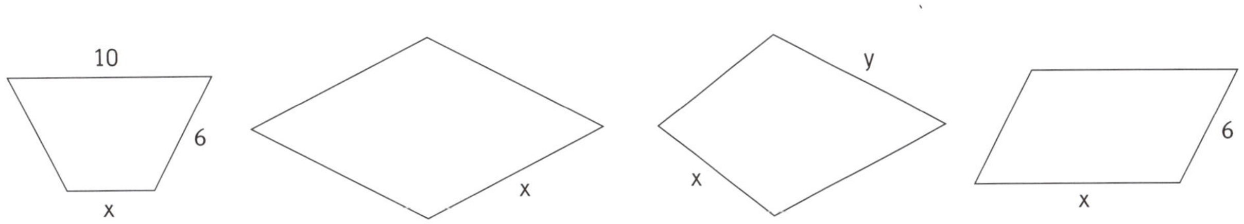

1 Formuliere zu jeder Situation einen Term mit einer Variablen.

a) Meryem bekommt 10 € mehr Taschengeld als ihr Bruder. ______

b) Die Kosten für die Klassenfahrt werden auf 24 Schüler aufgeteilt. ______

c) Timur braucht doppelt so lange zur Schule wie Maurice. ______

d) Im Winterschlussverkauf kostet eine Jacke 25 € weniger. ______

e) Nina kauft vier Hefter. ______

f) Jenny hat nur halb so viele Sammelkarten wie Kai. ______

g) Steven schoss zwei Tore mehr als Cevin. ______

h) Das Weihnachtsgeld müssen sich drei Geschwister teilen. ______

2 Setze für x die Zahl rechts neben dem Term ein und berechne den Wert. Trage die Werte in das Kreuzzahlrätsel ein.

1			2	3
		4		
	5			
6				7
8			9	

Kreuzzahlrätsel

Waagerecht

1	$6x - 16$	$x = 10$
2	$-x + 89$	$x = 7$
5	$2 \cdot (x + 4) + 1$	$x = 52$
8	$3x - (x + 2)$	$x = 25$
9	$58 - 3x$	$x = 12$

Senkrecht

1	$(x - 3) \cdot 4$	$x = 13$
3	$63 - 4x$	$x = 9$
4	$12x - 21$	$x = 20$
6	$(-3) \cdot x \cdot (-6)$	$x = 3$
7	$76 : x - 6$	$x = 2$

3 Füttere die Schlange entsprechend der Vorgaben und berechne das Ergebnis.

	x	y	z	Ergebnis
a)	6	8	16	
b)	9	15	12	
c)	12	10	18	
d)	7	9	11	

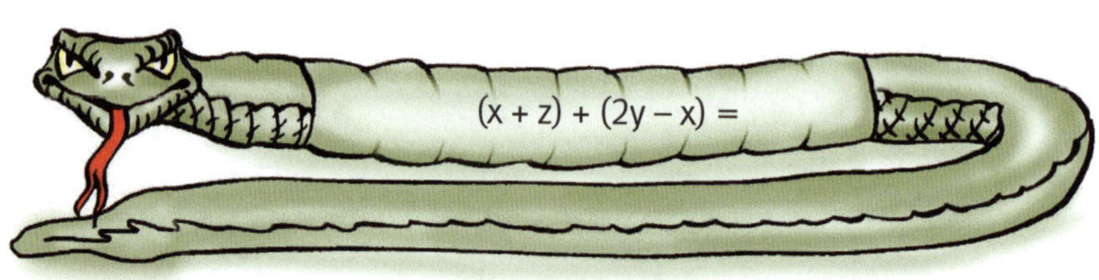

4 Schreibe als Term mit zwei Variablen.

a) Subtrahiere das Dreifache einer Zahl vom Fünffachen einer anderen Zahl. ______

b) Dividiere das Doppelte einer Zahl durch eine andere Zahl. ______

c) Multipliziere die Summe zweier verschiedener Zahlen mit deren Differenz. ______

1 Ergänze die Tabelle.

Term	vereinfachter Term	Wert des Terms für x = 1	Wert des Terms für x = 4	Wert des Terms für $x = \frac{1}{2}$
a) x + 5x – x + 2x				
b) 12 + 4x – 3x – 6				
c) 10x + 1 – 2x + 8				
d) 9x + 5 + 13x				

2 Zwei Terme passen zusammen. Vereinfache zuerst, dann verbinde.

7a + 5 + 12a + 6			4 + 9a – 6a + 0
16a + 7 + 4a – 6			8a + 14 + 15a – 13 – 3a
5a + 8 – 2a – 4			5a + 11 + 14a
8 + 16a + 8 – 12a			–11 + 12a + 27 – 8a

3 Stelle Terme für den Umfang der Figuren auf und vereinfache sie.

a)
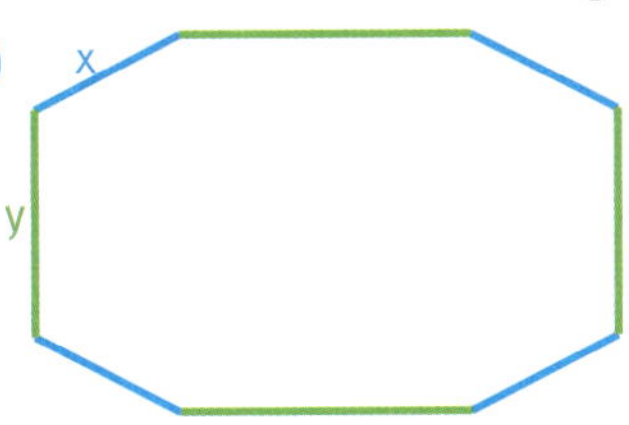

b)
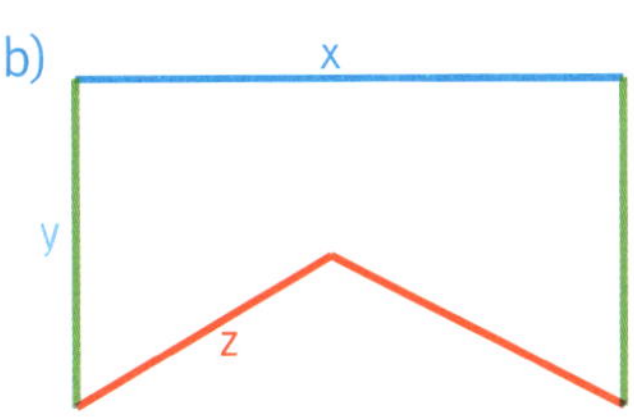

c)
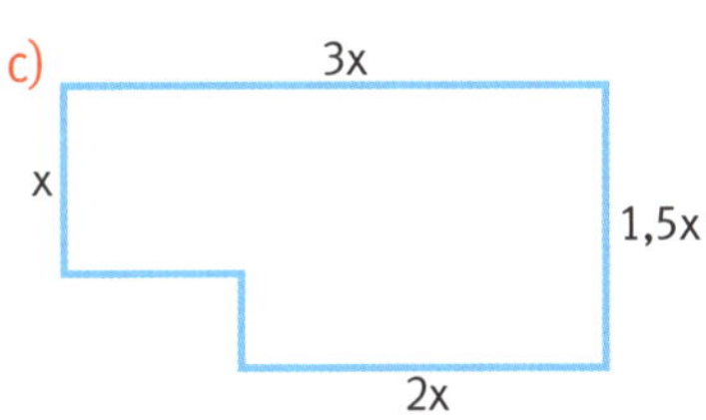

4 Fülle die Termmauern aus. Achte auf die richtige Rechenoperation.

a) Addition
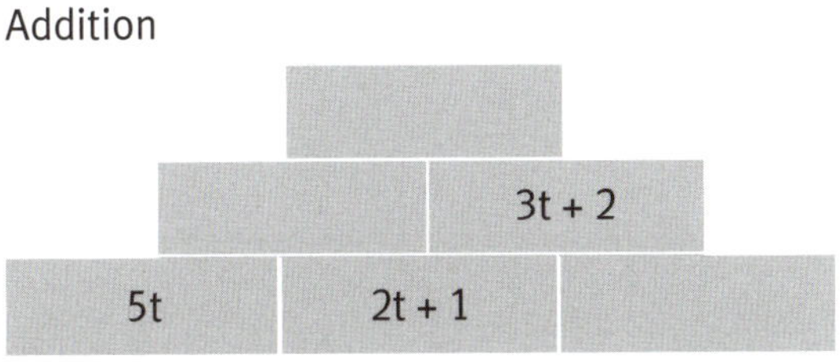

b) Subtraktion
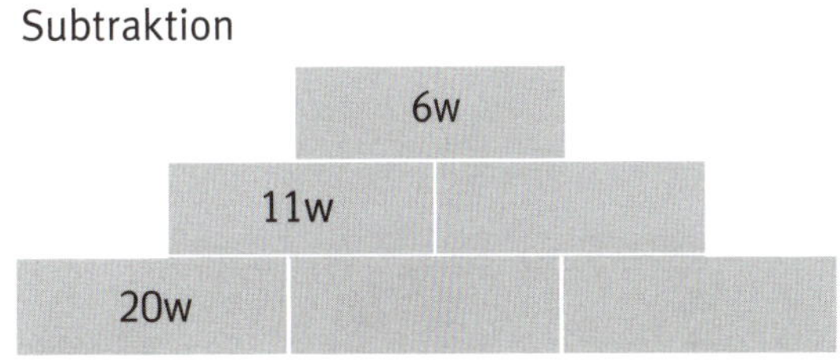

c) Multiplikation

d) Division
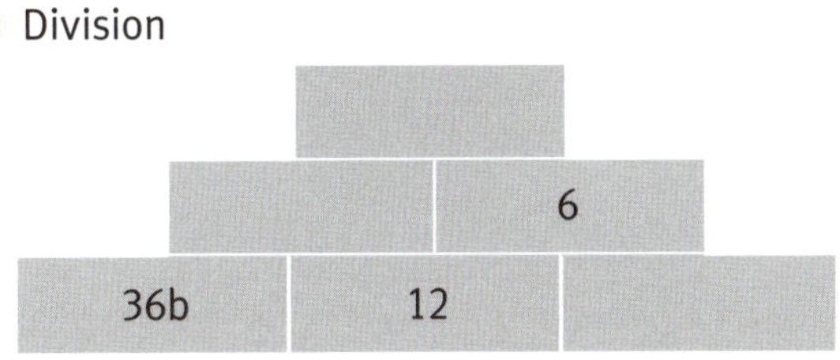

Gleichungen entwickeln und durch Probieren lösen

1 Jeweils zwei Terme ergeben eine Gleichung.

a) 49 – 5 · 6 =

b) =

c) =

d) =

e) =

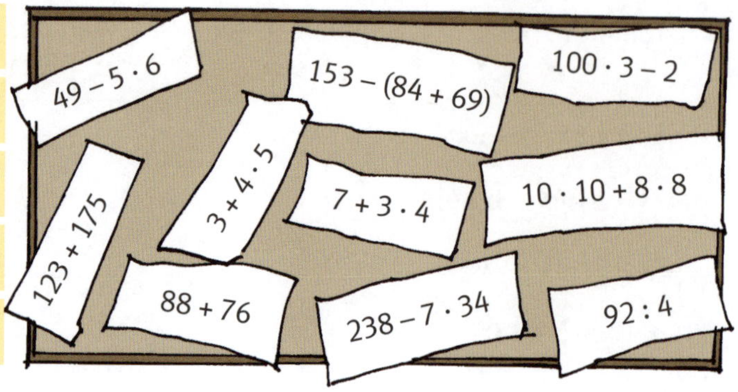

2 >, < oder = ?

a) 96 – 17 + 3 ◯ 128 – 46

b) 6 · 7 : 3 ◯ (57 – 9) : 4

c) 23 · 7 – 16 ◯ 111 + 105 : 3

d) 179 + 121 : 11 ◯ 5 · 19 · 2

3 Löse die Gleichung im Kopf oder durch Probieren.

a) x + 4 = 13

b) 33 – x = 27

c) x – 62 = 81

d) x · 4 = 24

e) 48 : x = 3

f) 8 · x + 2 = 18

g) $\frac{1}{2} \cdot x = 50$

h) 72 : x = –9

i) $x - \frac{1}{4} = \frac{3}{4}$

4 Stelle die Gleichung auf und löse.

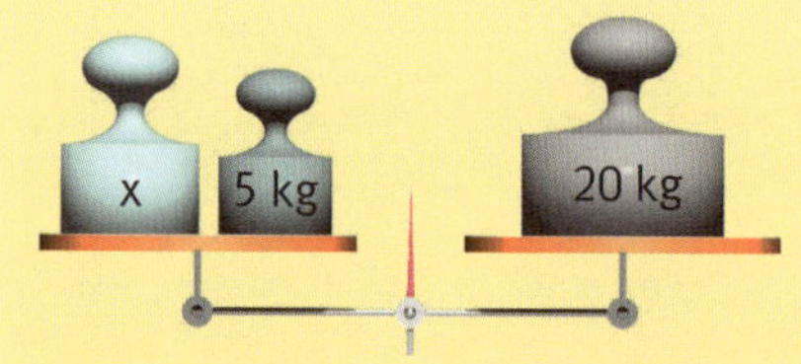

x + 5 =

x =

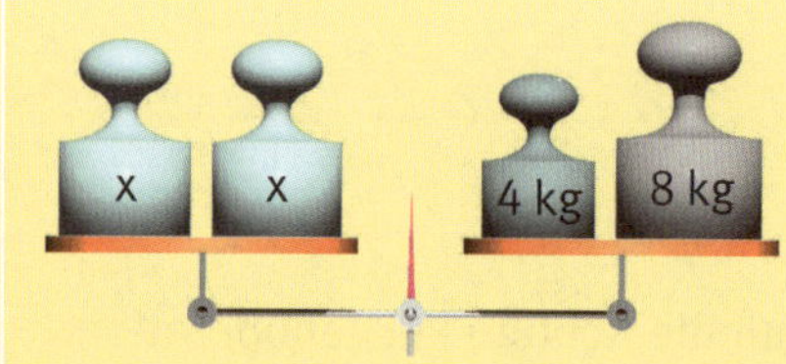

=

=

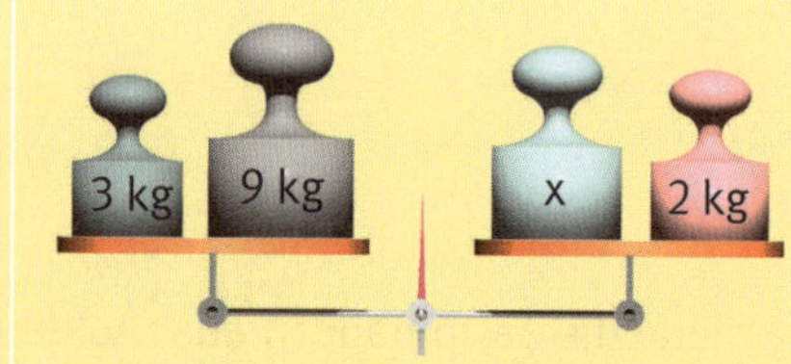

=

=

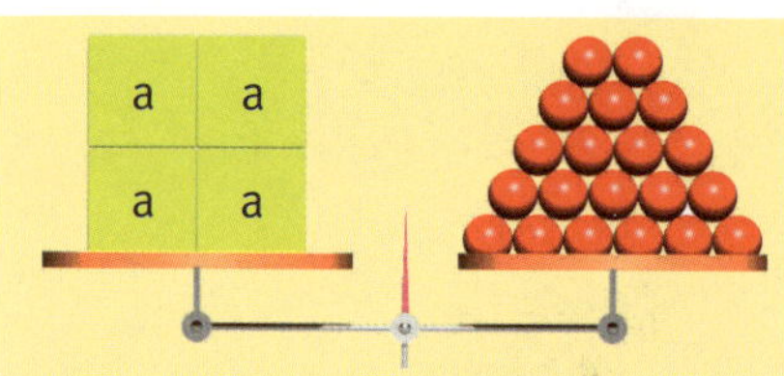

=

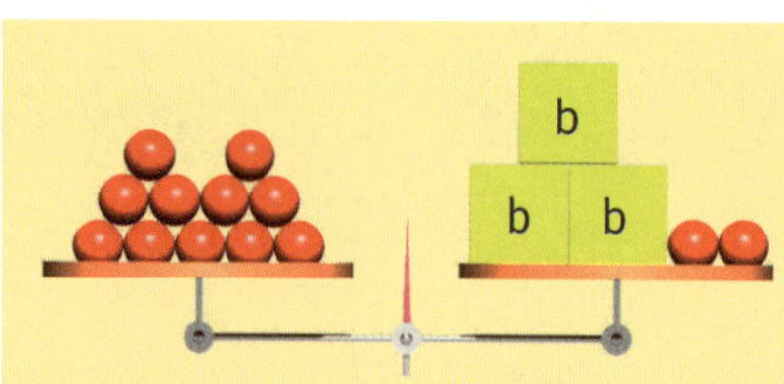

=

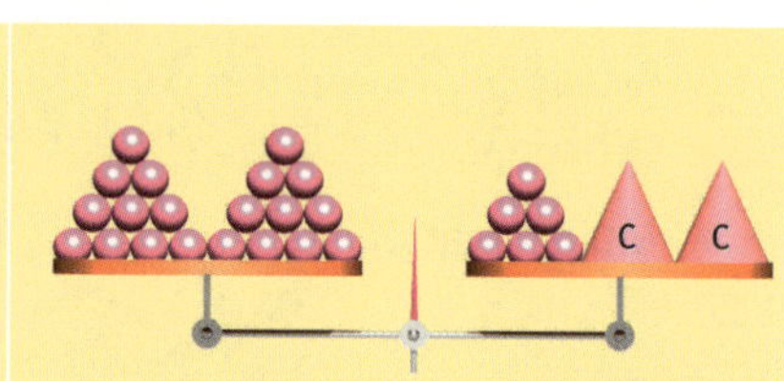

=

Gleichungen mit Umkehraufgaben lösen

1 Umrahme Gleichung, Umkehraufgabe und Lösung mit gleicher Farbe.

a)

Gleichung	Umkehraufgabe	Lösung
x + 13 = 41	x = 17 + 9	x = 26
x − 17 = 9	x = 41 − 14	x = 26
x − 32 = 25	x = 32 − 25	x = 57
14 + x = 41	x = 41 − 13	x = 27
25 + x = 32	x = 25 + 32	x = 7
x − 9 = 17	x = 9 + 17	x = 28

b)

Gleichung	Umkehraufgabe	Lösung
9 · x = 27	x = 13 · 4	x = 3
2 · x = 38	x = 27 : 3	x = 42
x : 4 = 13	x = 27 : 9	x = 9
x : 3 = 14	x = 14 · 3	x = 19
x : 9 = 2	x = 2 · 9	x = 52
x · 3 = 27	x = 38 : 2	x = 18

2 Löse durch die Umkehraufgabe.

a) 17 + x = 35

b) x + 21 = 49

c) x − 44 = 19

d) x − 23 = 12

e) 9 · x = 45

f) x · 17 = 51

g) x : 5 = 7

h) x : 3 = 4

i) 2 · x = 16

j) 16 + x = 59

k) x − 13 = 29

l) x : 9 = 7

3 Löse mithilfe von Umkehraufgaben.

a)

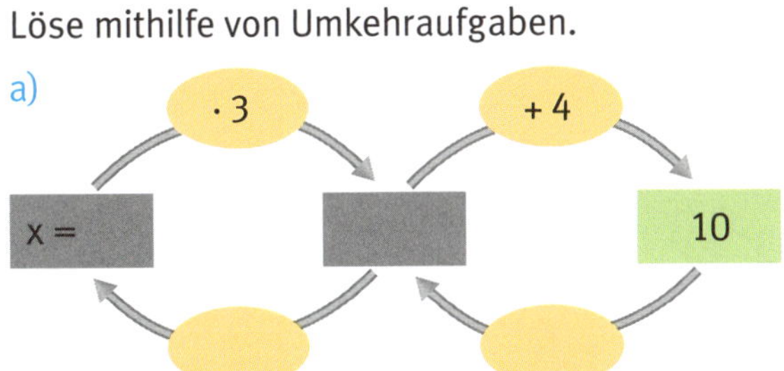

b)

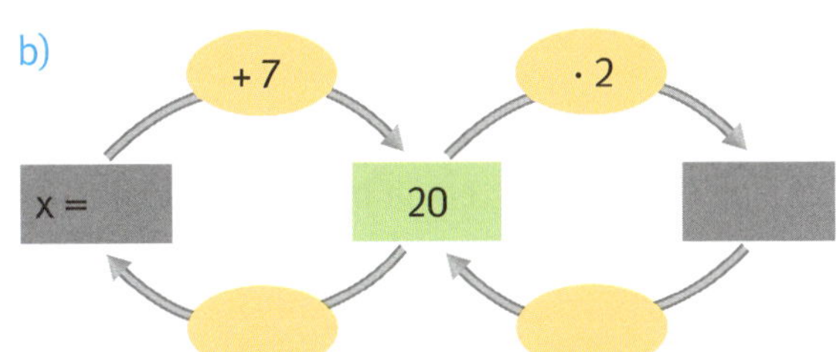

c)

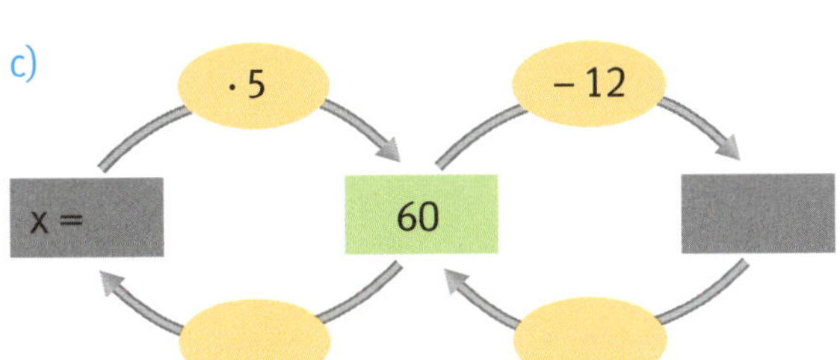

d)

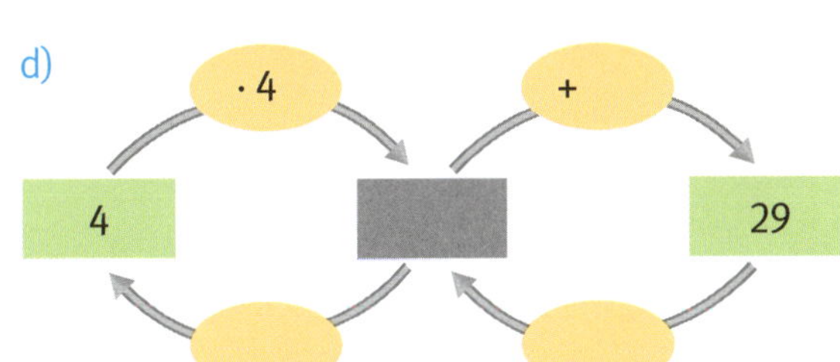

1 Löse die Gleichung zuerst zeichnerisch, dann durch Rechnung.

a)

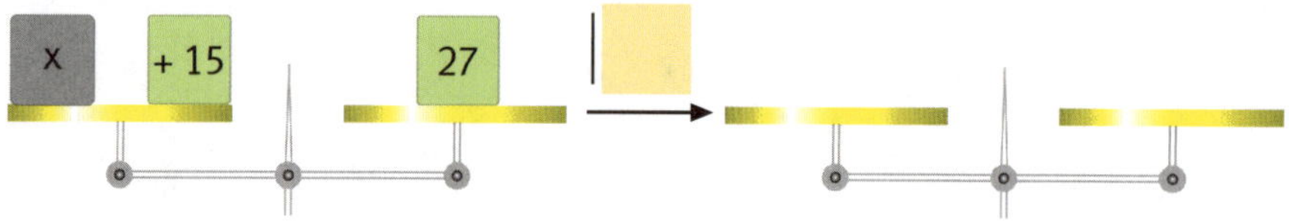

$x + 15 = 27$

Probe: ___ + 15 = 27

___ = 27

b)

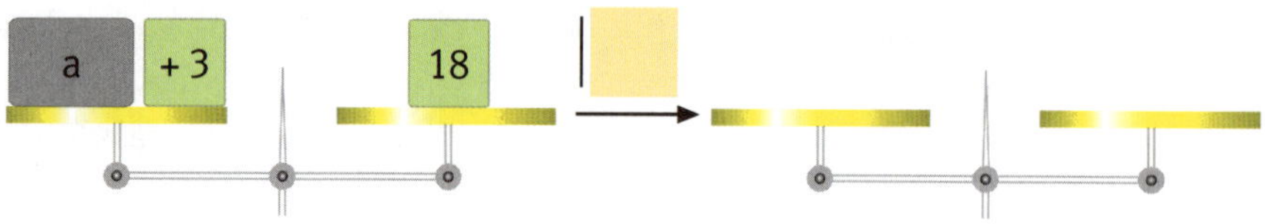

c)

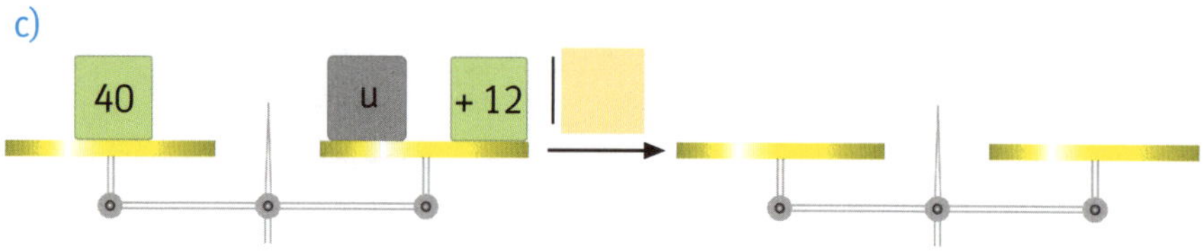

2 Ergänze die Umformungsschritte.

a) $z + 34 = -66$ | ___

$z =$ ___

b) $s - 16 = 39{,}5$ | ___

$s =$ ___

c) $52 = 27 + r$ | ___

$r =$ ___

d) $b + 45 = 13 + 17$

$b + 45 =$ ___ | ___

$b =$ ___

e) $-12 - 7 = h + 4$

___ $= h + 4$ | ___

$h =$ ___

f) $\frac{1}{2} \cdot (-6) = x - 11$

___ $= x - 11$ | ___

$x =$ ___

3 Bestimme x.

a) $x + 12 = 45 - 12$

b) $x - 3 = 8 \cdot 4$

c) $x + 10 = 81 : 3$

4

Text	a) Wenn man eine Zahl um 4 vermindert, erhält man das Produkt aus 3 und 7.	b) Wenn man zu der Zahl 47 eine unbekannte Zahl addiert, erhält man das 7-fache von 12.
Gleichung	___ $- 4 = 3 \cdot 7$	$47 +$ ___ $= 7 \cdot 12$
Lösung		

1 Löse die Gleichung zuerst zeichnerisch, dann durch Rechnung.

a)

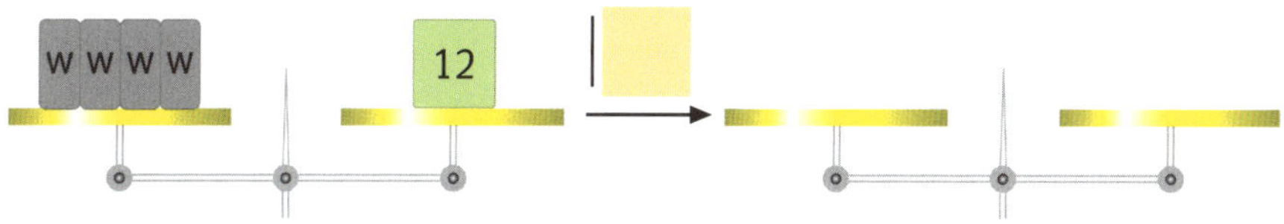

$4w = 12$

Probe:

b)

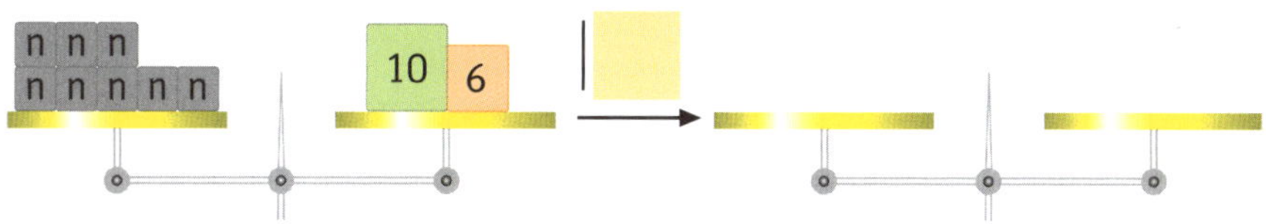

c)

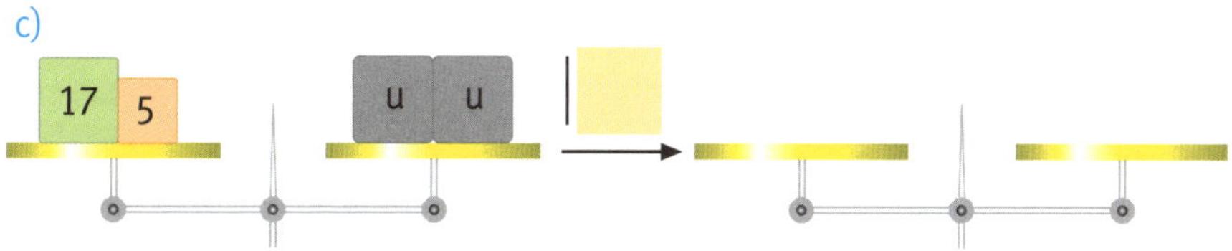

2 Ergänze die Umformungsschritte.

a) $8 \cdot r = 40$ | ___
$r =$ ___

b) $33 = 11 \cdot t$ | ___
$t =$ ___

c) $e : 2 = -5$ | ___
$e =$ ___

d) $14 : 2 = y : 7$
___ $= y : 7$ | ___
$y =$ ___

e) $5 \cdot (-18 + 4) = a : (-0,5)$
___ $= a : 0,5$ | ___
$a =$ ___

f) $3,5p = -4 + 11$
$3,5p =$ ___ | ___
$p =$ ___

3 Die Summe aller Variablen lautet 264.
Stimmt das?

Summe aller Variablen: ___

1 Bestimme die Winkel mit Hilfe einer Gleichung. Die Winkelsumme in einem Viereck beträgt 360°.

a)

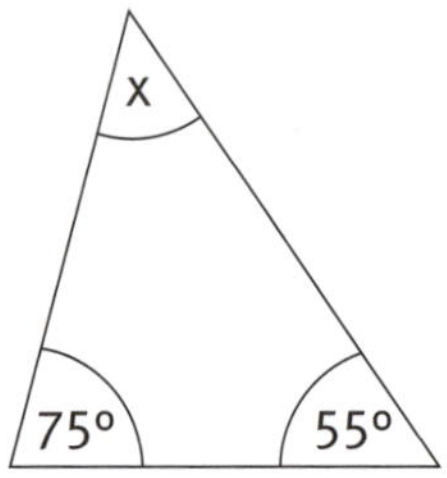

b)

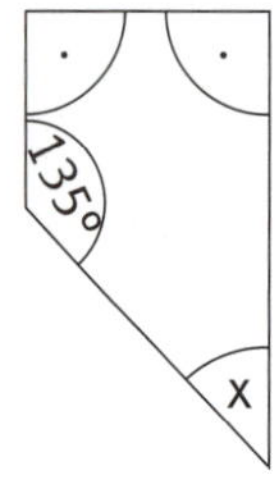

c)

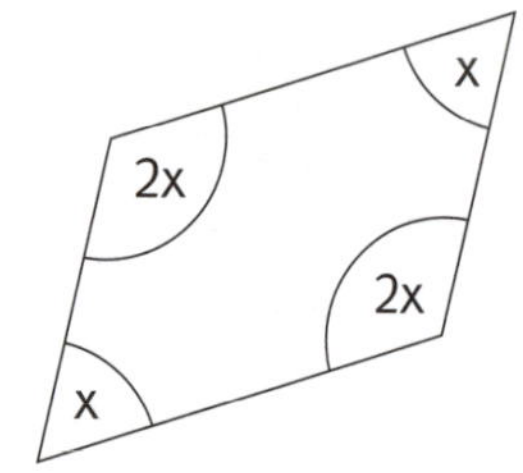

2 Stelle eine Gleichung auf und berechne die Variable.

a)

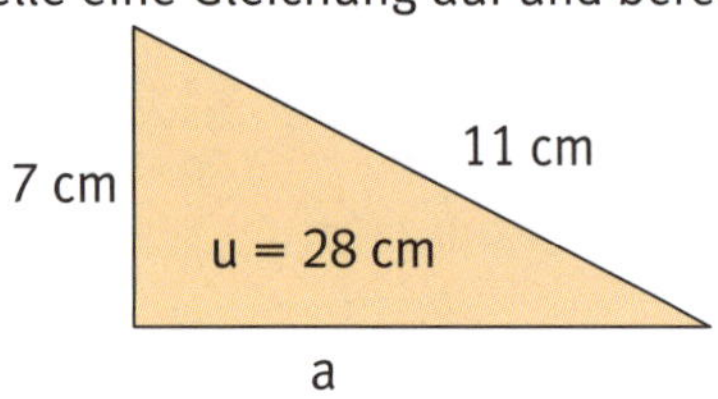

b)

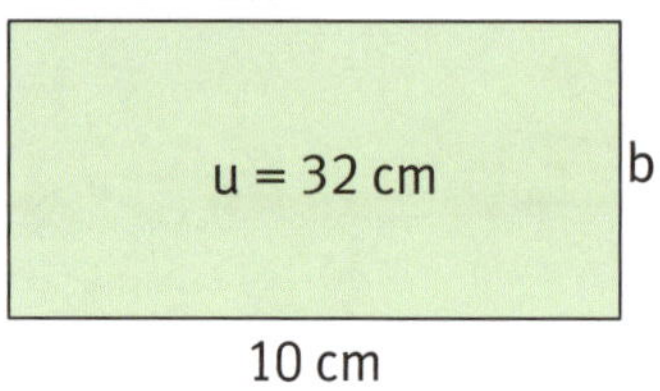

c)

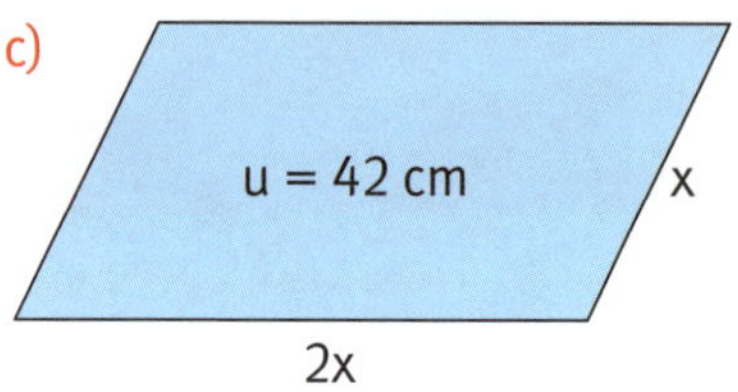

3 Notiere die Frage, stelle die Gleichung auf, löse und beantworte deine Frage.

Text	Ein quadratisches Grundstück hat einen Umfang von 88 m.	Ein 6 cm breites Rechteck hat einen Flächeninhalt von 51 cm^2.
Frage:		
Gleichung:		
Antwort:		

4 Ein gleichschenkliges Dreieck hat eine Basis von 4 cm und einen Umfang von 10 cm. Berechne die Länge der Schenkel mit einer Gleichung. Zeichne auch eine Skizze.

1 Benenne die Vierecke und zeichne gleich lange Seiten mit gleicher Farbe nach.
Trage auch mögliche Symmetrieachsen ein.

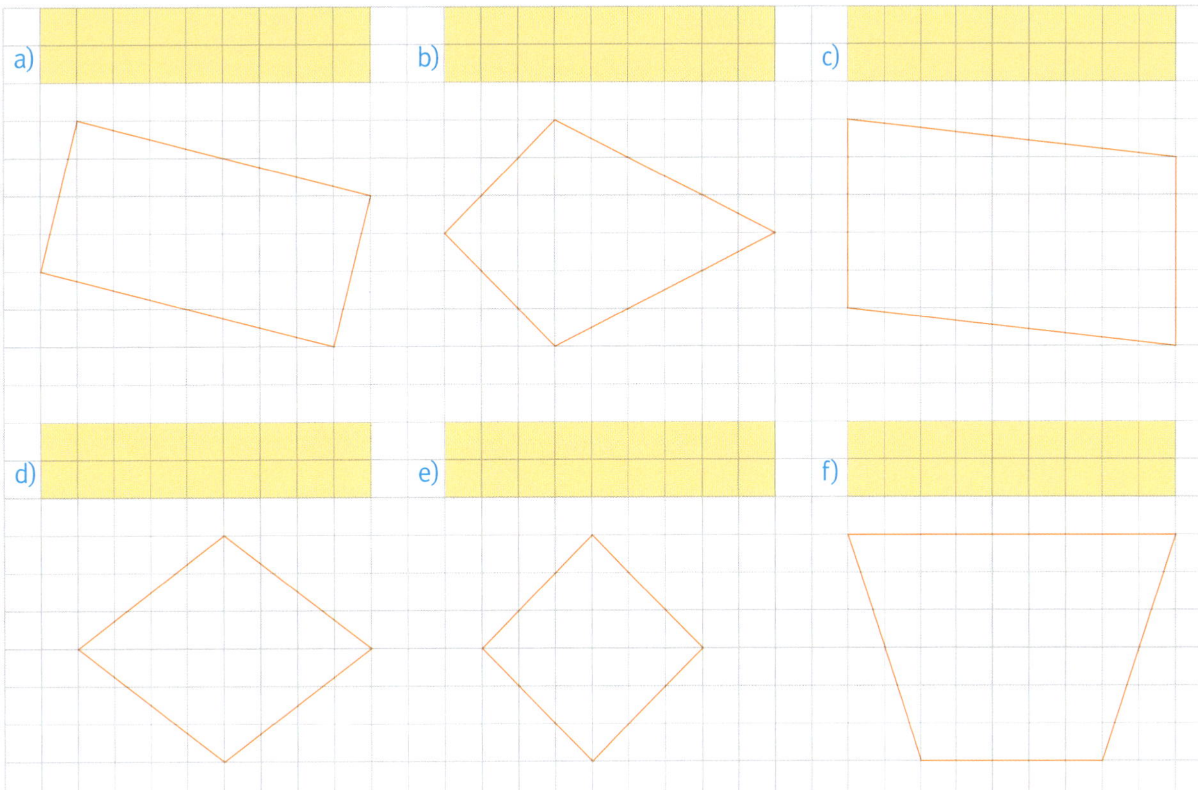

2 Ein Parallelogramm hat folgende Eckpunkte. Zeichne sie in das Koordinatensystem. Ergänze jeweils den fehlenden Eckpunkt und gib seine Koordinaten an.

a) A (2|1); B (4|3); C (4|9); D (|)

b) E (|); F (13|0); G (15|8); H (10|8)

c) K (10|2); L (12|4); M (|); N (3|6)

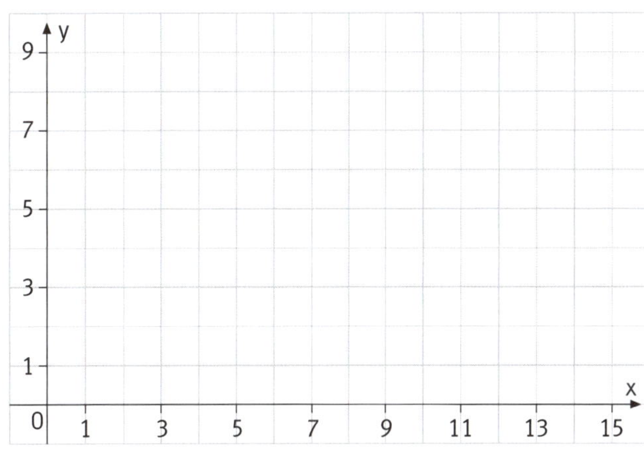

3 Zeichne die angegebenen Punkte in das Koordinatensystem. Ergänze jeweils zum vorgegebenen Viereck und gib die Koordinaten des fehlenden Eckpunktes an.

a) Raute:
A (0|4); B (2|0); C (4|4); D (|)

b) Drachen:
E (|); F (13|7); G (8|9); H (5|7)

c) Trapez (gleichschenklig):
K (10|2); L (14|0); M (|); N (10|4)

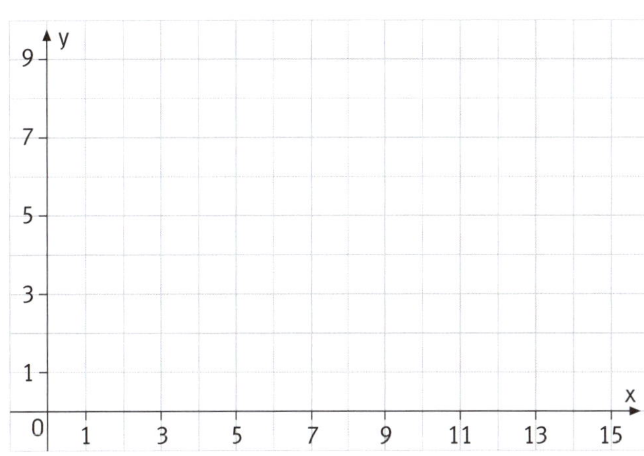

1 Hier sind die Diagonalen abgebildet. Ergänze jeweils die Vierecke und benenne sie.

a) ______________________

b) ______________________

c) ______________________

d) ______________________

e) ______________________

f) ______________________

2 Benenne die beschriebenen Vierecke und ordne die abgebildeten Vierecke 1 bis 7 zu.

a) ______________________	b) ______________________	c) ______________________
– 4 gleich lange Seiten – Je 2 gegenüberliegende Seiten sind parallel. – 4 rechte Winkel	– Je 2 gegenüberliegende Seiten sind gleich lang und parallel. – 4 rechte Winkel	– Je 2 gegenüberliegende Seiten sind gleich lang und parallel. – Je 2 gegenüberliegende Winkel sind gleich groß.
3,		

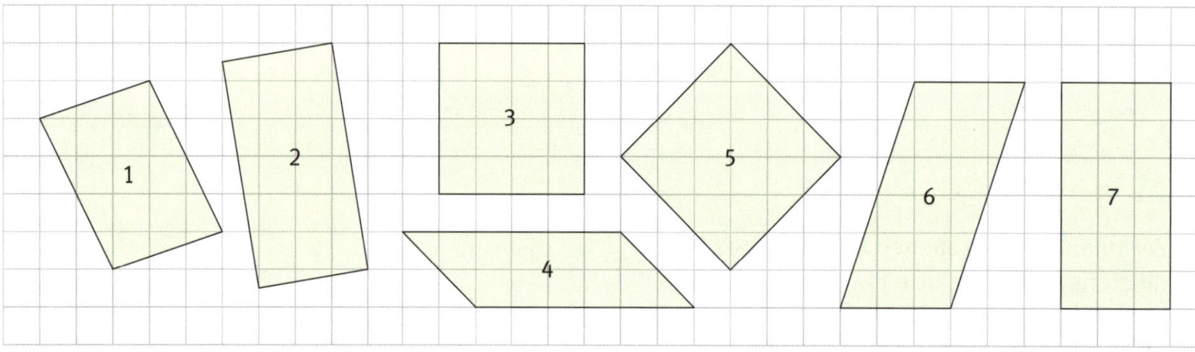

3 Berechne die gesuchten Winkel.

a)

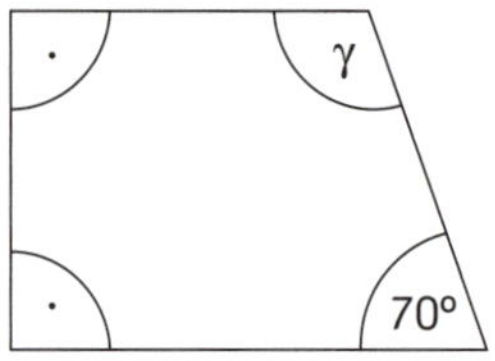

γ = ______

b)

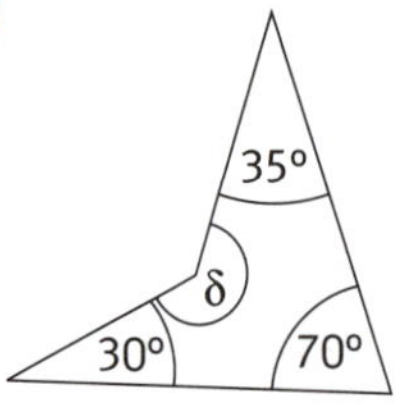

δ = ______

c)

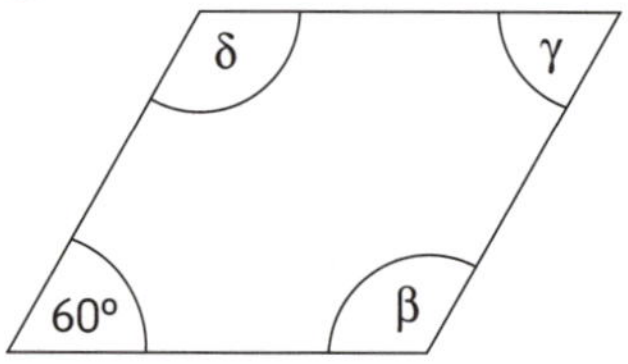

β = ______

γ = ______

δ = ______

1 Je eine Figur der oberen Reihe hat den gleichen Flächeninhalt wie eine der unteren Reihe. Verbinde sie durch einen Pfeil. Nummeriere wie im Beispiel die zerlegungsgleichen Teile.

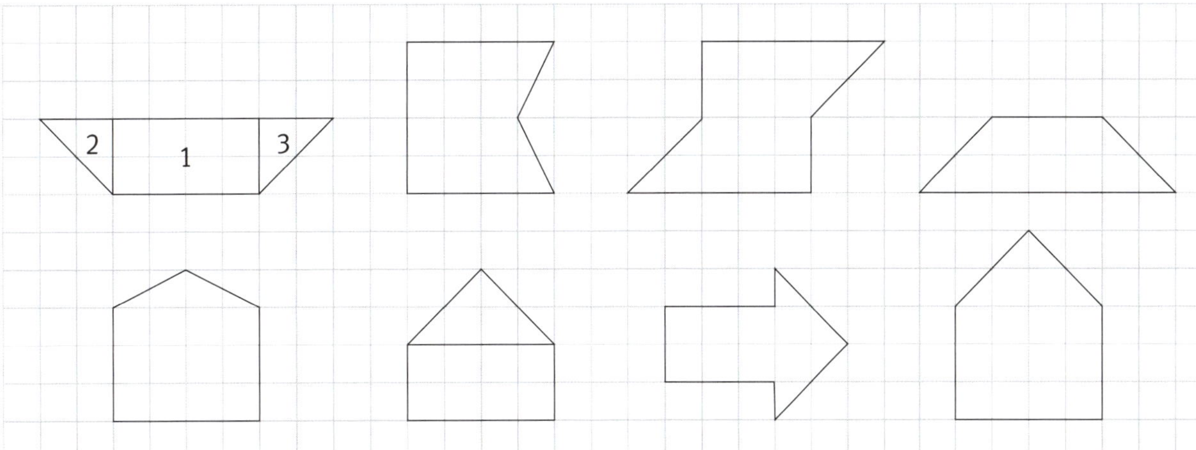

2 Wandle die Figuren in Rechtecke mit gleicher Flächengröße um, wie es Beispiel A zeigt.

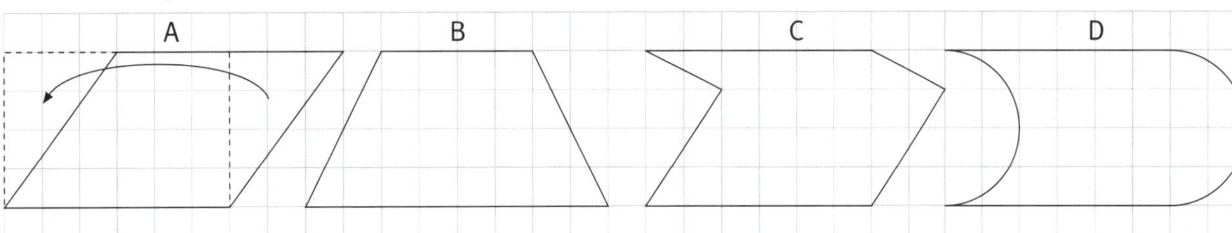

3 Ergänze die Dreiecke jeweils zu einem Rechteck mit doppeltem Flächeninhalt.

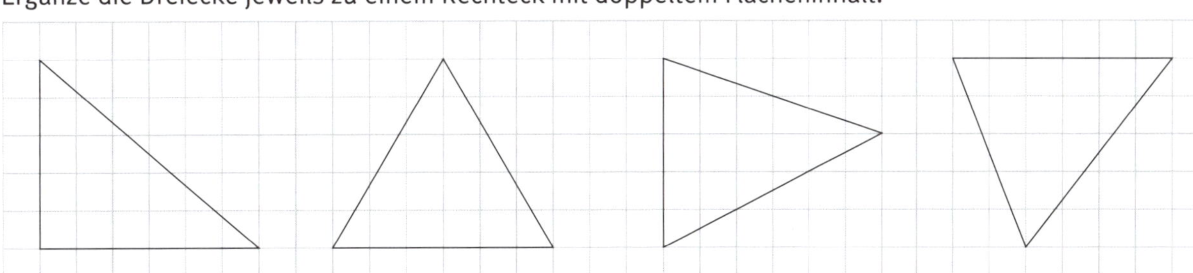

4 a) Zeichne noch zwei verschiedene Rechtecke, die jeweils den gleichen Umfang wie Rechteck A haben. Die Seitenlängen sollen immer ganze Zentimeter sein und auf dem Blatt Platz haben.
b) Berechne die Flächeninhalte.

A

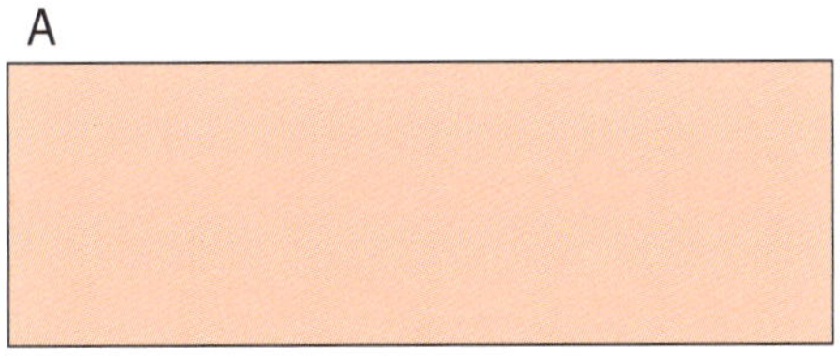

u = ________ cm

A = ________ cm^2

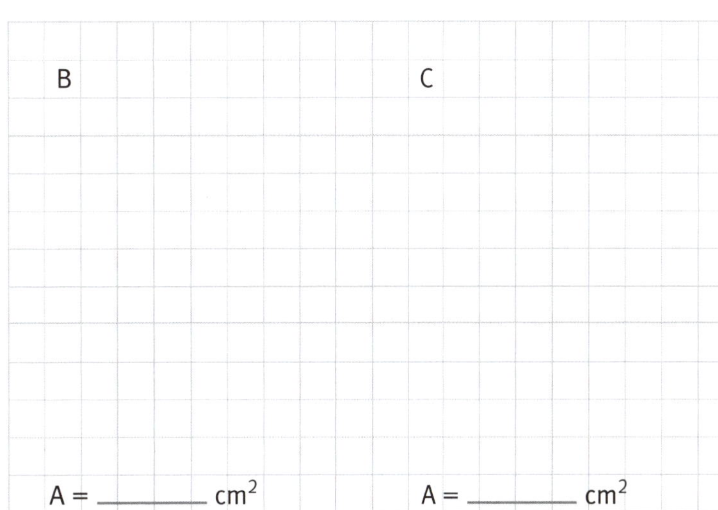

1 Zeichne bei folgenden Figuren die Umfangslinien rot nach und färbe die Fläche gelb.
Berechne anschließend Flächeninhalt und Umfang.

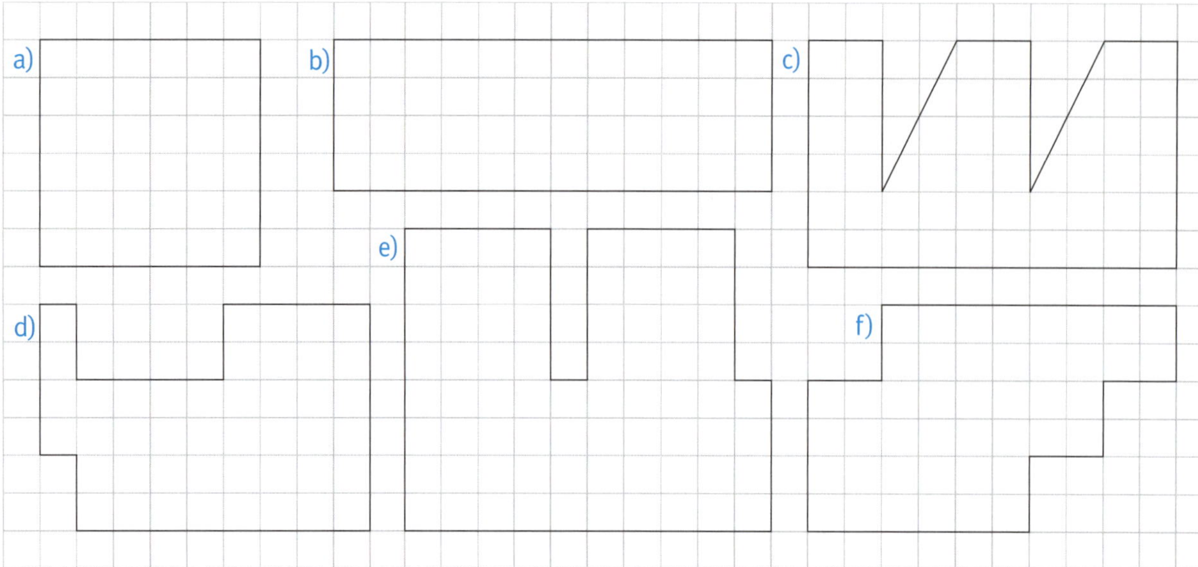

	a)	b)	c)	d)	e)	f)
Flächeninhalt						
Umfang						

2 Zeichne weitere Rechtecke mit Umfang 16 cm und berechne ihren Flächeninhalt.

3 Gib die Flächeninhalte und die Umfänge der gezeichneten Flächen möglichst genau an.

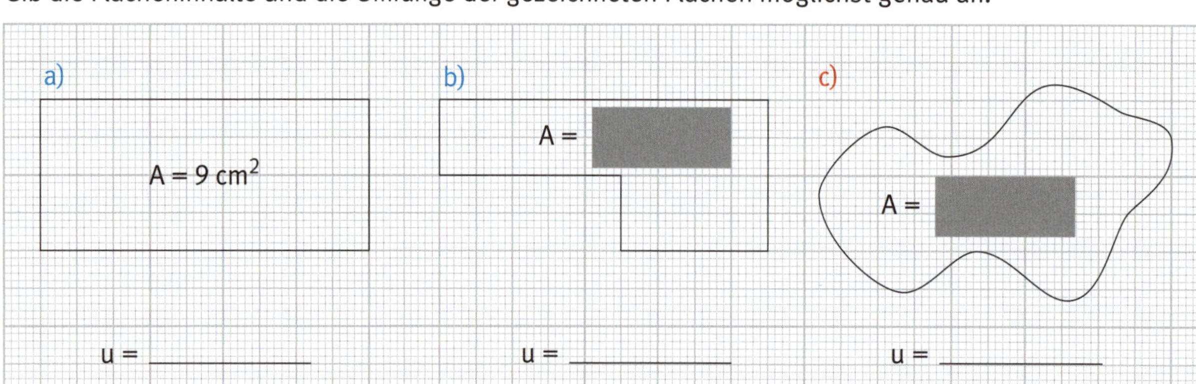

1 a) Beschrifte Ecken und Seiten der Parallelogramme und zeichne jeweils die Höhe ein.
b) Berechne den Flächeninhalt.

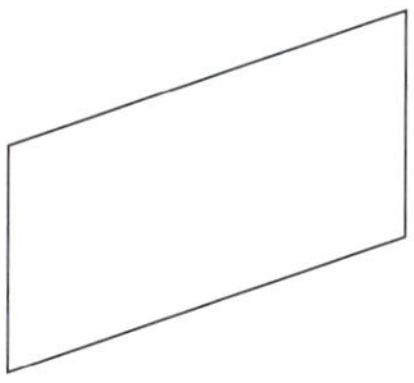

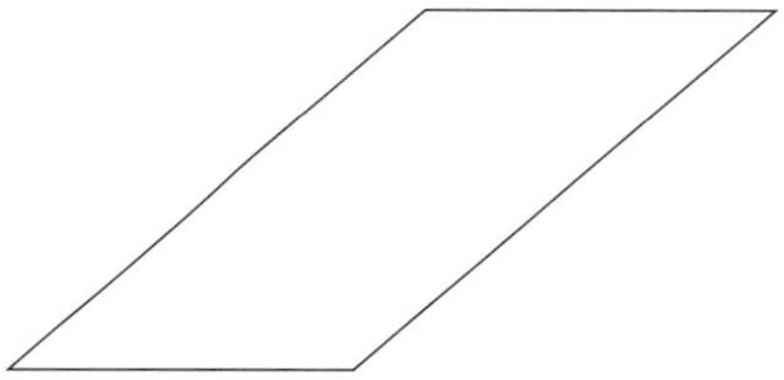

A = ______________ A = ______________ A = ______________

= ______________ = ______________ = ______________

2 Berechne Umfang und Flächeninhalt.

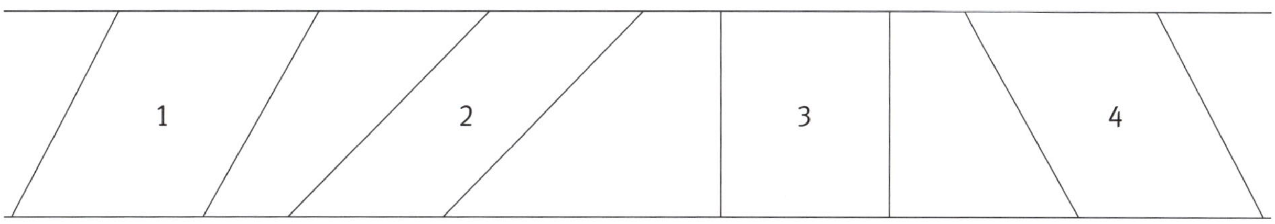

3 a) Beschrifte Ecken und Seiten der Dreiecke. Trage auch eine Höhe ein.
b) Berechne Flächeninhalt und Umfang.

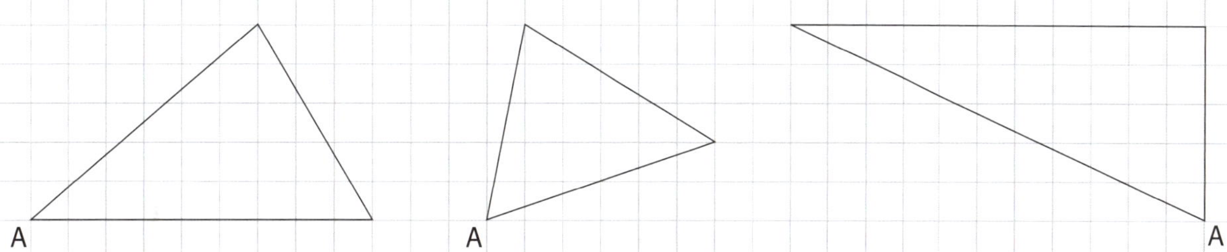

1 Angenommen, du zerschneidest die farbige Figur so, dass du mit den farbigen Stücken Kästchen vollständig bedecken kannst. Wie viele Kästchen bleiben dann unbedeckt?

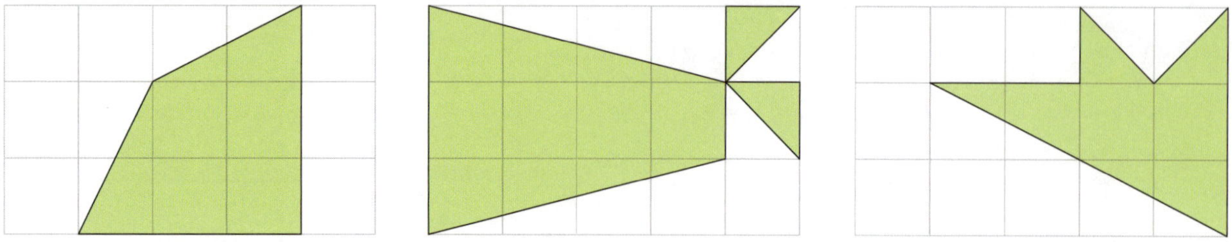

2 Vervollständige jeweils die Rechnung.

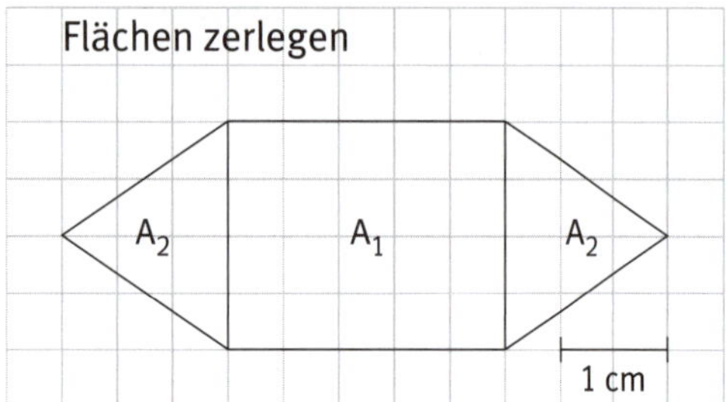

$A = A_1 + 2 \cdot A_2$

$=$

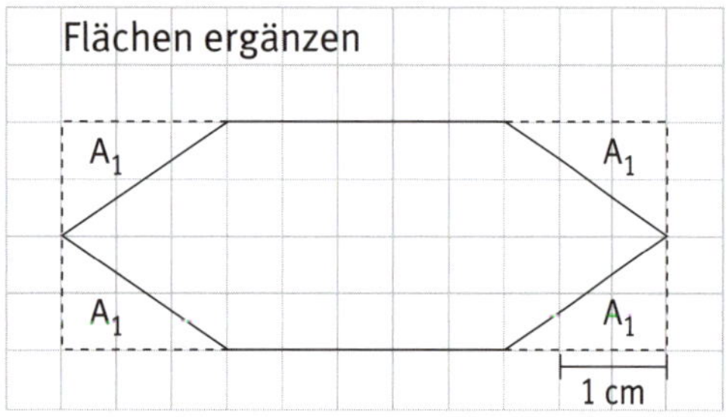

$A = A_{Rechteck} - 4 \cdot A_1$

$=$

3 Berechne die Flächeninhalte, indem du entweder in Teilflächen zerlegst oder ergänzt. Trage die Teilinhalte in deine Aufteilung ein. Gib dann das Gesamtergebnis an.

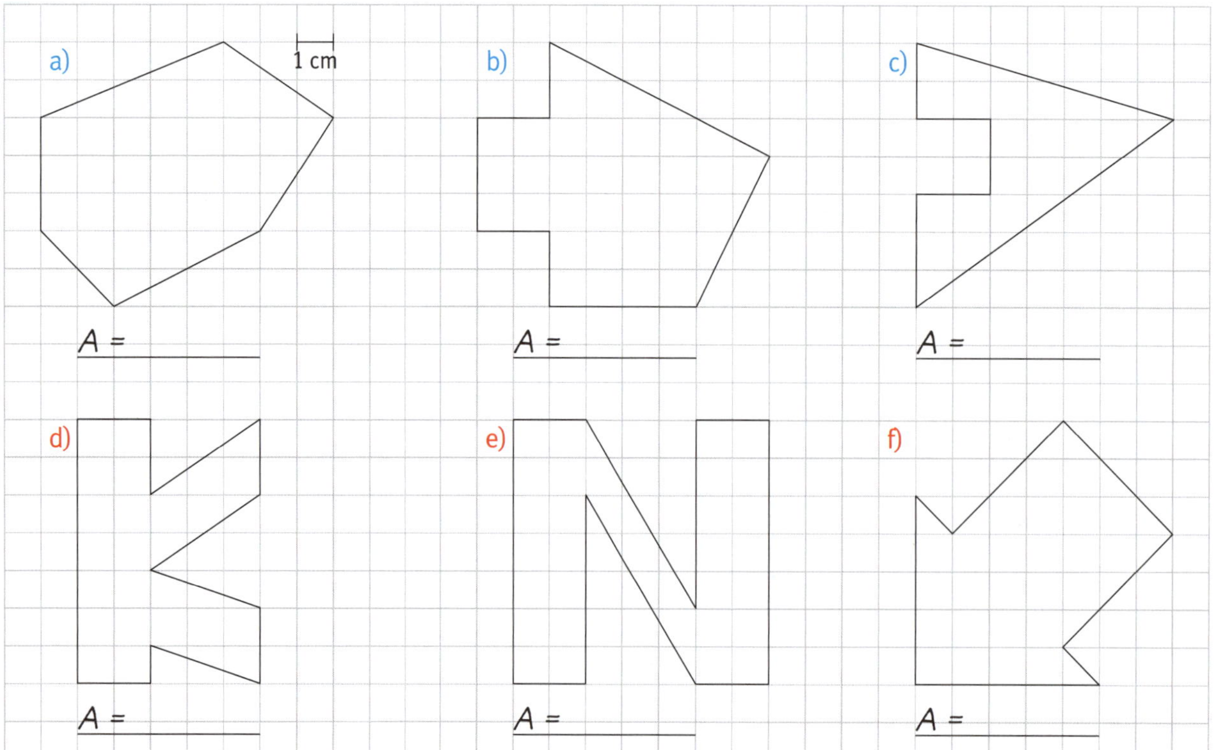

1 Eine Schule besitzt einen Garten, der 15 m lang und 8 m breit ist.

a) Trage die Maße in die Zeichnung ein.

b) Welche Fläche hat der Schulgarten? Löse mit der Formel.

gegeben: ______________________ gesucht: ______________________

Rechnung: ______________________

Antwort: ______________________

c) Wie viele Meter Zaun werden benötigt, wenn an der Breitseite ein 4 m breites Tor vorgesehen ist?

gegeben: ______________________ gesucht: ______________________

Rechnung:

Antwort: ______________________

d) Wie ändert sich der Bedarf für den Zaun, wenn der Garten bei gleicher Breite 30 m lang ist?

gegeben: ______________________ gesucht: ______________________

Rechnung:

Antwort: ______________________

2 Der Umfang eines rechteckigen Gartens, der doppelt so lang wie breit ist, ist 126 m lang. Der Garten soll eingezäunt werden.

a) Berechne, wie teuer die Umzäunung ist, wenn der laufende Meter Zaun 15 € und jede der beiden 1,5 m breiten Gartentüren 320 € kostet.

b) Ermittle den Flächeninhalt des Gartens.

Breite des Gartens: ______________________ Länge des Gartens: ______________________

Flächeninhalt des Gartens: ______________________

1 Der Giebel des Hauses ist ein gleichschenkliges Dreieck.

a) Trage die Größe von α und β ein.

b) Die Zeichnung ist im Maßstab 1 : 100 erstellt. Wie hoch und wie breit ist der Giebel? Trage ein.

c) Berechne die Giebelfläche ohne Fenster.

d) Das Haus misst vom Boden bis zur Giebelspitze 10,5 m. Ergänze die Hausfassade.

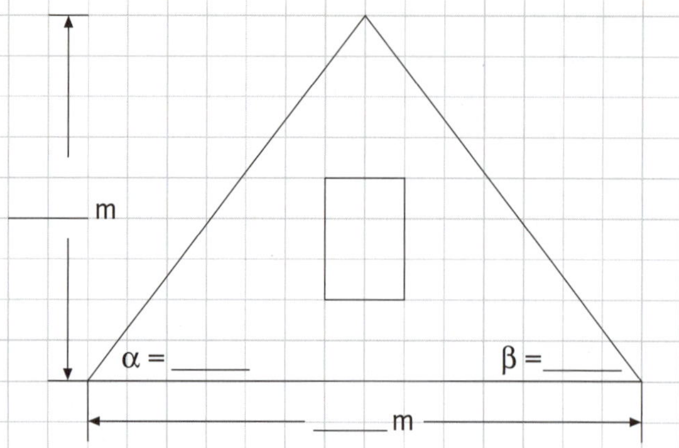

A_{Giebel} =

=

= ______

2 Zwei rechteckige Arbeitsplatten, 280 cm und 190 cm lang sowie 70 cm breit, sind für eine Küche vorbereitet. Vor Ort müssen die Platten so zugeschnitten werden, dass sie an der Stoßkante s nahtlos aneinandergefügt werden können. Außerdem werden noch die Ausschnitte für Kochfeld und Spüle ausgesägt. Kennzeichne wegfallende Stücke. Berechne den gesamten Abfall in cm^2 und in Prozent.

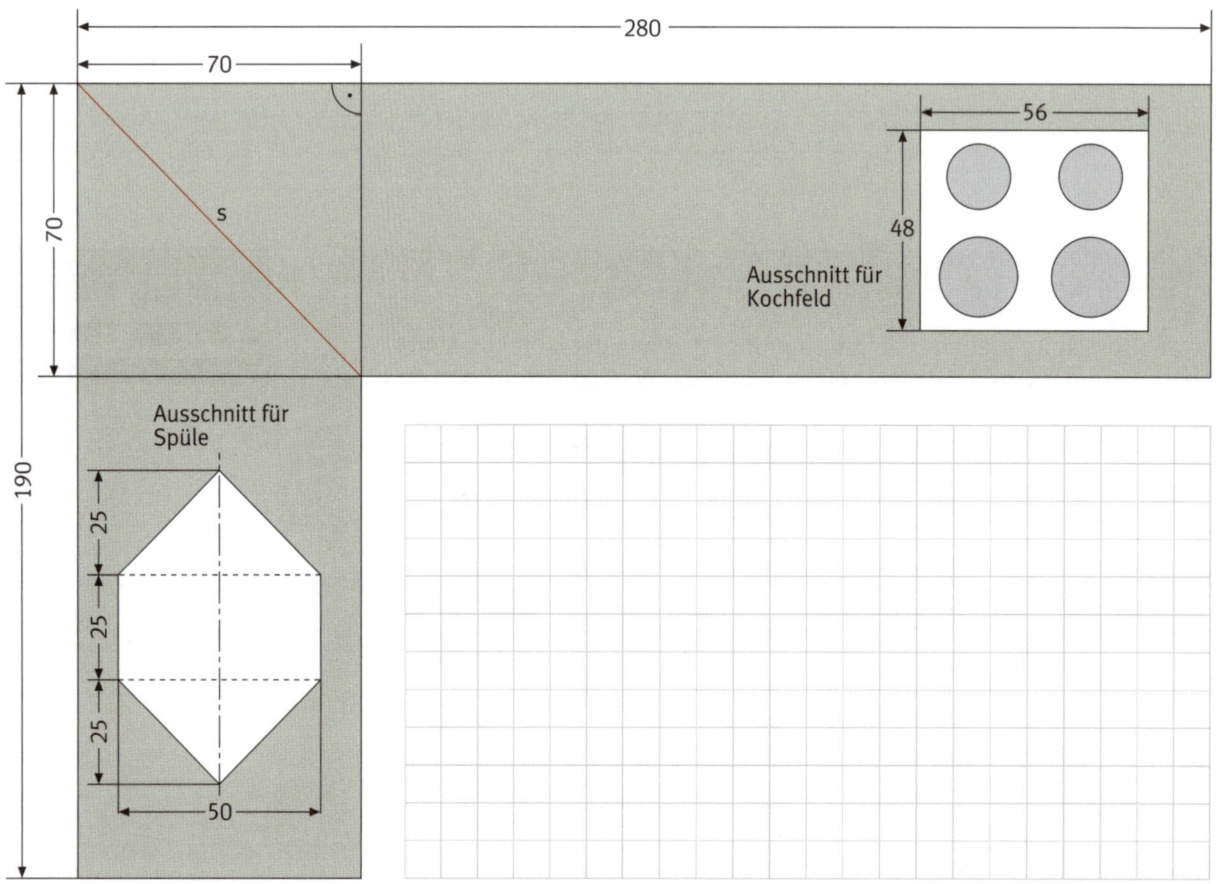

FORMEL 7

Mathematik

LÖSUNGSHEFT

C.C.Buchner

Daten

1 Für eine große Studie wurden Jugendliche zwischen 11 und 14 Jahren danach befragt, welche Art von Fernsehserien sie am liebsten schauen. Die Strichliste zeigt das Ergebnis.

Comedy	卌 卌 卌 卌 卌 卌 卌 卌 卌 |||
Zeichentrick	卌 卌 卌 卌 卌 卌 卌 卌 ||
Daily Soaps	卌 卌 卌 卌 卌 卌 ||||
Arztserien	卌 卌 卌 卌 卌 卌
Krimis	卌 卌 卌 卌 ||||
Sonstiges	卌 卌 卌 卌 ||

a) Wie viele Jugendliche wurden für diese Studie befragt?

200 Jugendliche

b) Vervollständige die Tabelle.

		Comedy	Zeichentrick	Daily Soaps	Arztserien	Krimis	Sonstiges
absolute Häufigkeit		*48*	*42*	*34*	*30*	*24*	*22*
relative Häufigkeit	als Bruch	$\frac{48}{200}=\frac{24}{100}$	$\frac{42}{200}=\frac{21}{100}$	$\frac{34}{200}=\frac{17}{100}$	$\frac{30}{200}=\frac{15}{100}$	$\frac{24}{200}=\frac{12}{100}$	$\frac{22}{200}=\frac{11}{100}$
	als Dezimalzahl	*0,24*	*0,21*	*0,17*	*0,15*	*0,12*	*0,11*

2 Bei der Klassensprecherwahl werden die Stimmzettel ausgezählt.

Thomas Marco Jacob Steffen Celin Steffen Steffen Marco
Celin Jacob Thomas Steffen Marco Celin Thomas Steffen Celin
Thomas Steffen Celin Thomas Celin Steffen Jacob Steffen

Vervollständige die Tabelle. Streiche erfasste Zettel durch.

	Jakob (J)	Steffen (S)	Marco (M)	Celin (C)	Thomas (T)
Strichliste	///	卌 ///	///	卌 /	卌
absolute Häufigkeit	*3*	*8*	*3*	*6*	*5*
relative Häufigkeit	$\frac{3}{25}=\frac{12}{100}=0{,}12$	$\frac{8}{25}=\frac{32}{100}=0{,}32$	$\frac{3}{25}=\frac{12}{100}=0{,}12$	$\frac{6}{25}=\frac{24}{100}=0{,}24$	$\frac{5}{25}=\frac{20}{100}=0{,}2$

3 a) Die Tabelle zeigt die Ergebnisse eines Wettbewerbs beim Papierfliegerweitwurf. Vervollständige sie.

	Jordan	Enna	Constantin	Dominik	Sabine	Nina
1. Wurf	13,50 m	15,40 m	17,80 m	8,90 m	26,30 m	4,70 m
2. Wurf	19,10 m	9,50 m	15,30 m	19,30 m	14,70 m	12,20 m
3. Wurf	18,20 m	14,30 m	16,90 m	7,20 m	6,30 m	15,70 m
Summe	*50,80 m*	*39,20 m*	*50,00m*	*35,40 m*	*47,80 m*	*32,60 m*

b) Erstelle jeweils eine Rangliste und bestimme die drei besten Werfer, wenn …

① nur der beste Wurf zählt.

26,80 m ; *19,30 m* ; *19,10 m* ;
17,80 m ; *15,70 m* ; *15,40 m* ;

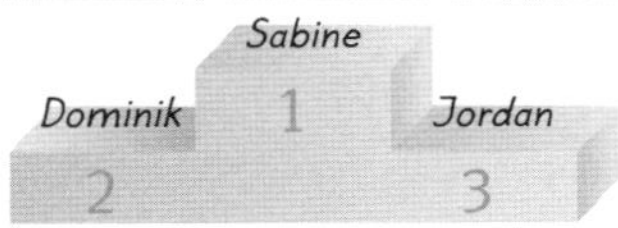

② die Summe aller drei Würfe gezählt wird.

50,80 m ; *50,00 m* ; *47,80 m* ;
39,20 m ; *35,40 m* ; *32,60 m* ;

1 Jugendliche wurden nach ihrem Lieblingsgericht befragt.

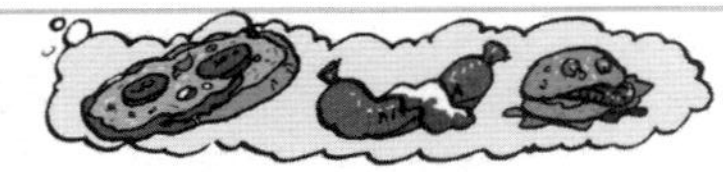

a) Ergänze die Strichliste bzw. die Häufigkeitstabelle.

Schnitzel	Döner	Currywurst	Pizza	Hamburger
卌 卌 卌 卌 卌 卌 卌 卌 卌 卌 卌 卌	卌 卌 卌 卌 卌 卌 卌 卌	卌 卌 卌 /	卌 卌 卌 卌 卌 卌 卌 卌 卌 卌 卌 /	卌 卌 卌 卌 卌 ///
60	*40*	16	*56*	28

b) Notiere, wie viele Schüler insgesamt befragt wurden? *200*

c) Veranschauliche das Ergebnis in einem Balkendiagramm.

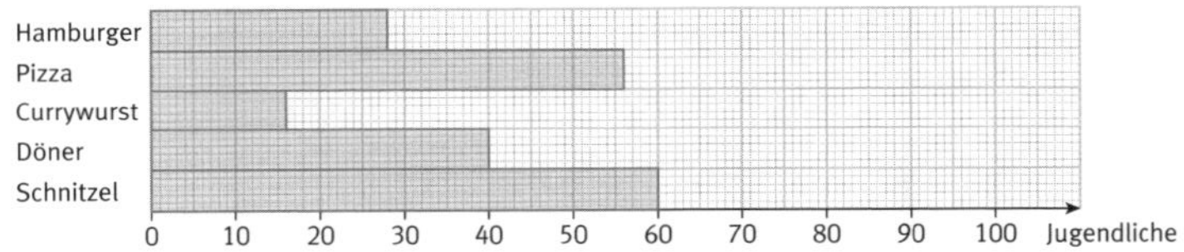

d) Bestimme die relative Häufigkeit jeder Lieblingsspeise und gib das Ergebnis als Bruch und als Dezimalzahl an.

	Schnitzel	Döner	Currywurst	Pizza	Hamburger
Bruch	$\frac{60}{200}=\frac{30}{100}$	$\frac{40}{200}=\frac{20}{100}$	$\frac{16}{200}=\frac{8}{100}$	$\frac{56}{200}=\frac{28}{100}$	$\frac{28}{200}=\frac{14}{100}$
Dezimalzahl	*0,30*	*0,20*	*0,08*	*0,28*	*0,14*

2 Schüler der Klasse 7a wurden nach ihrer Lieblingsballsportart gefragt. Vervollständige die Tabelle.

	Basketball	Volleyball	Fußball	Handball
absolute Häufigkeit	21	15	35	29
relative Häufigkeit	*0,21*	*0,15*	*0,35*	*0,29*

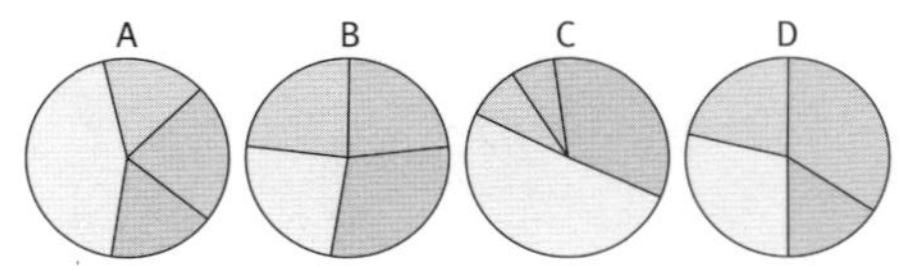

a) Welches der 4 Kreisdiagramme passt in etwa zu dem Umfrageergebnis? Begründe.

Kreisdiagramm D: Volleyball und Fussball ergeben zusammen genausoviel wie Basketball und Handball, jeweils 0,5 bzw. 180°.

b) Stelle die relativen Häufigkeiten in einem Streifendiagramm der Länge 10 cm dar.

Basketball: 2,1 cm
Volleyball: 1,5 cm
Fußball: 3,5 cm
Handball: 2,9 cm

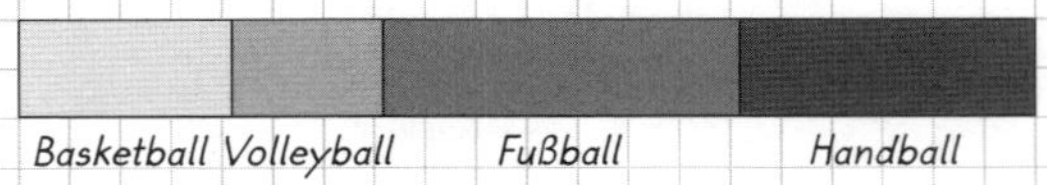

1 Sabrina notiert ihre Ergebnisse über den 100-m-Lauf und hat dazu die Rangliste erstellt.

Datenreihe	15,2 s	14,8 s	15,0 s	15,4 s	14,9 s	14,7 s	15,3 s	18,7 s
Rangliste	14,7 s	14,8 s	14,9 s	15,0 s	15,2 s	15,3 s	15,4 s	18,7 s

a) Was berechnet Lena, was Max?

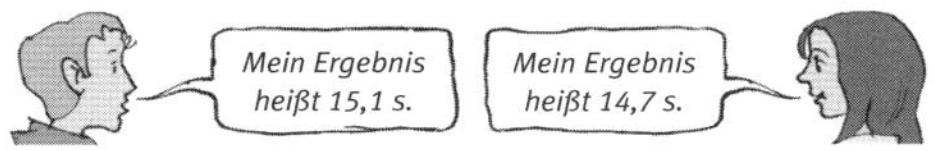

Lena: *Minimum*

Max: *Zentralwert*

b) Finde eine Erklärung für Sabrinas Zeit beim letzten Lauf.

Sabrina war müde (nicht gesund, hatte starken Gegenwind).

2 Die Klasse 7c hilft bei einem Projekt „work for peace" mit. Die einzelnen Schüler leisteten folgende Zeiten ab (in Stunden). Der Lohn geht an Projekte in Afrika.

2,5	4,0	0,5	2,0	3,0	4,5	2,5	1,0	1,5	2,0
3,0	3,5	1,0	2,5	2,0	2,5	0,5	6,0	3,5	2,0

a) Erstelle eine Rangliste der Zeiten.

0,5 ; 0,5 ; 1,0 ; 1,0 ; 1,5 ; 2,0 ; 2,0 ; 2,0 ; 2,0 ; 2,5 ;
2,5 ; 2,5 ; 2,5 ; 3,0 ; 3,0 ; 3,5 ; 3,5 ; 4,0 ; 4,5 ; 6,0

b) Bestimme die Kennwerte der Datenreihe.

Minimum: *0,5* Durchschnittswert: *2,5*

Maximum: *6,0* Zentralwert: *2,5*

Spannweite: *5,5*

Spannweite: 6,0 − 0,5 = 5,5

Durchschnittswert: $\bar{x}$ = 50 : 20 = 2,5

Zentralwert: 2,5

c) In der Schülerzeitung soll über das Projekt mit einem Säulendiagramm berichtet werden. Vervollständige das Säulendiagramm.

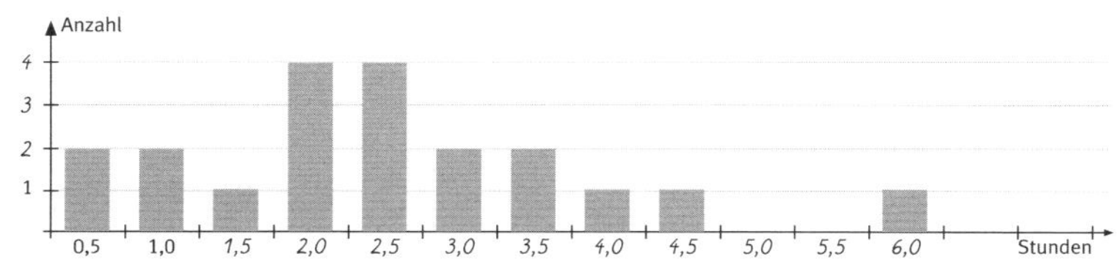

3 In einem Berliner Krankenhaus wurden an einem Tag im April diese Babys geboren. Berechne den Durchschnittswert für Körpergewicht und -größe.

Name	Körpergewicht	Körpergröße
Marvin	3460 g	51 cm
Valeca	3240 g	49 cm
Bruno	4120 g	53 cm
David	4680 g	55 cm

Körpergewicht:
Gesamt: 15 500 g
$\bar{x}$ = 15 500 g : 4 = 3 875 g

Körpergröße:
Gesamt: 208 cm
x = 208 cm : 4 = 52 cm

1 Vervollständige die Tabellen so, dass proportionale Zuordnungen vorliegen.

a)

Anzahl	1	3	5	8
Preis (€)	0,40	*1,20*	*2,00*	*3,20*

b)

Menge (g)	100	200	600	*1 000*
Preis (€)	*1,40*	2,80	*8,40*	14,00

2 Berechne fehlende Werte der proportionalen Zuordnung im Kopf.

a)

Kugeln	Preis (€)
1	0,80
3	*2,40*
5	4,00
8	*6,40*

b)

Stück	Preis (€)
5	3,50
1	*0,70*
3	*2,10*
9	6,30

c)

Gewicht (g)	Preis (€)
100	1,80
50	*0,90*
200	3,60
500	*9,00*

3 In die Tabellen der proportionalen Zuordnungen hat sich beim Preis jeweils ein Fehler eingeschlichen. Finde und verbessere diesen.

a)

Anzahl	1	2	3	5
Preis (€)	0,59 ✓	1,18 ✓	~~1,79~~ *1,77*	2,95 ✓

b)

Anzahl	4	6	8	10
Preis (€)	6,40 ✓	9,60 ✓	12,80 ✓	~~18,00~~ *16,00*

4 Kreuze die Angebote an, bei denen eine proportionale Zuordnung vorliegt.

Zwiebeln
1 kg 0,49 €
5 kg 2,25 €

○

Käse
100 g 0,89 €
200 g 1,78 €

⊗

Mehl
1 kg 0,69 €
3 kg 2,07 €

⊗

Joghurt
1 Becher 0,29 €
5 Becher 1,16 €

○

5 Ordne jeder Tabelle den passenden Preis für 1 kg zu und ergänze die Tabelle für das verbliebene Preisangebot.

Ⓐ 1 kg 1,50 €   Ⓑ 1 kg 1,75 €   Ⓒ 1 kg 1,25 €   Ⓓ 1 kg 0,75 €

Menge (kg)	2	4	6	8	*Ⓓ*
Preis (€)	1,50	3,00	4,50	6,00	

Menge (kg)	2	4	8	14	*Ⓐ*
Preis (€)	3,00	6,00	12,00	21,00	

Menge (kg)	4	6	8	12	*Ⓒ*
Preis (€)	5,00	7,50	10,00	15,00	

Menge (kg)	2	6	*8*	14	*Ⓑ*
Preis (€)	*3,50*	*10,50*	14,00	*24,50*	

6 Ein Kilogramm Käse kostet 8,90 €. Das vorgegebene Wertepaar ist fehlerhaft. Verändere jeweils einen Wert so, dass sich eine proportionale Zuordnung ergibt. Finde beide Möglichkeiten.

300 g	*300 g*	*310 g*
2,76 €	*2,67 €*	*2,76 €*

1000 g → 8,90 €
100 g → 0,89 €
300 g → 2,67 €

8,90 € → 1000 g
1 € → 112,36 g
2,76 € → 310,11 g

Proportionale Zuordnungen grafisch darstellen

1 a) Welche Größen sind einander zugeordnet?

Grillfleischmenge (kg) → *Preis (€)*

b) Woran erkennst du sofort, dass dies eine proportionale Zuordnung ist?

Der Graph ist eine Halbgerade mit dem Anfangspunkt (0|0).

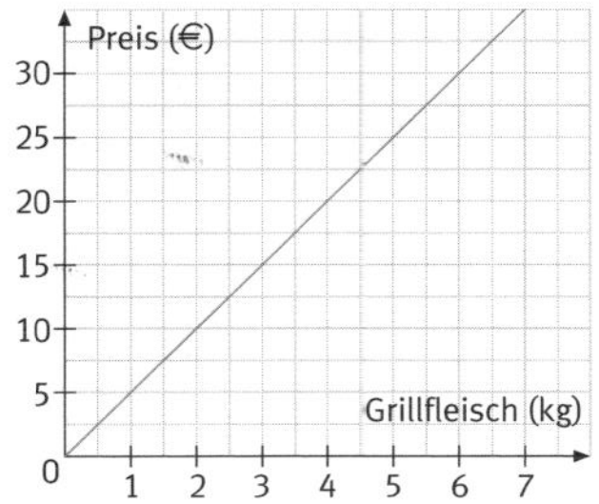

c) Lies die fehlenden Werte ab.

kg	0,5	1	3	3,5	5	6,5
€	2,50	5,00	15,00	17,50	25,00	32,50

2 Frau Welsh verdient in 8 Stunden 100 €.

a) Stelle die Zuordnung Arbeitszeit (h) → Lohn (€) grafisch dar.
x-Achse: 1 cm ≙ 2 h; y-Achse: 1 cm ≙ 25 €

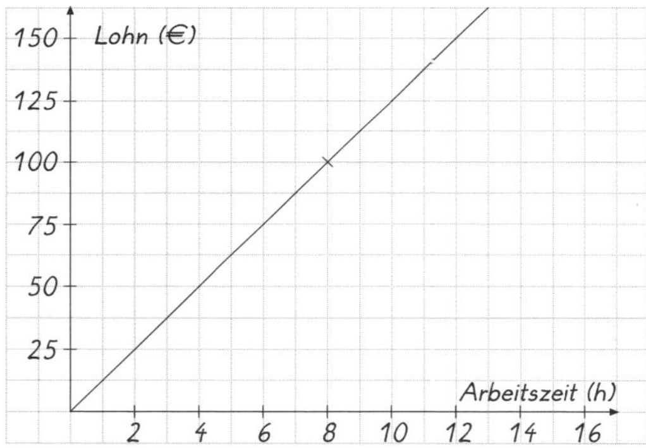

b) Lies den jeweiligen Lohn ab.

Arbeitszeit (h)	4	6	9
Lohn (€)	50	75	112,50

c) Entnimm die Werte der Grafik.

Arbeitszeit (h)	2	5	12
Lohn (€)	25,00	62,50	150,00

3 Vervollständige die Tabelle der proportionalen Zuordnung, stelle grafisch dar und notiere einen passenden Sachverhalt.

a)

Stück	0	1	2	4	5	6
Preis (€)	0	0,75	1,50	3,00	3,75	4,50

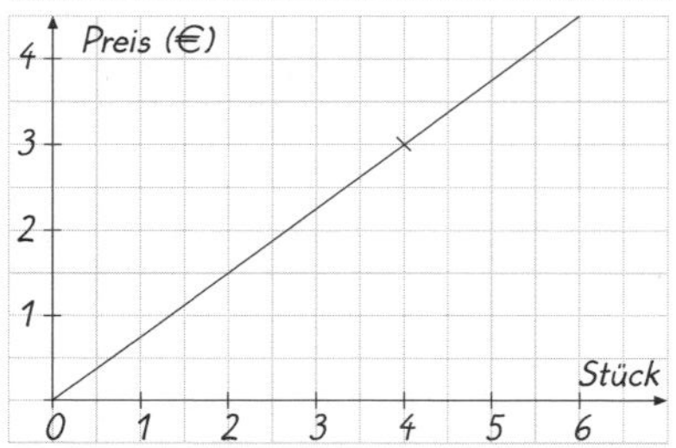

Beispiel:

Ein Schokoriegel kostet 0,75 €.

b)

Arbeitszeit (h)	1	2	3	4	5
Lohn (€)	4,50	9,00	13,50	18,00	22,50

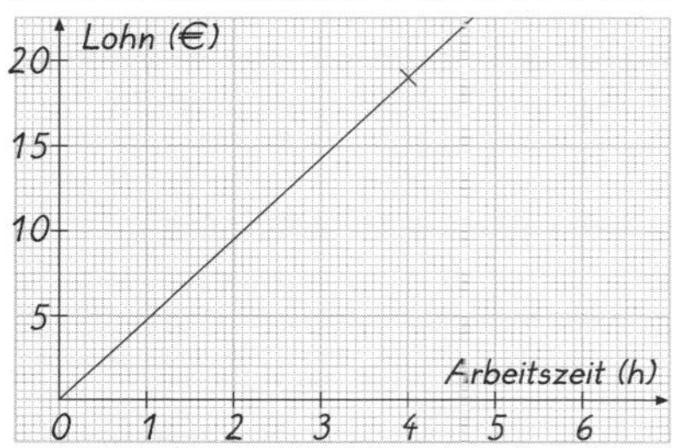

Beispiel:

Dilara trägt Werbeprospekte aus.

In 4 Stunden verdient sie dabei 18 €.

Mit dem Dreisatz rechnen

1 Vervollständige jeweils die Dreisatzrechnung.

a)
4 Stück → 1,60 €
: 4 | : 4
1 Stück → *0,40* €
· 7 | · 7
7 Stück → *2,80* €

b)
5 kg → 7,00 €
: 5 | : 5
1 kg → *1,40* €
· 9 | · 9
9 kg → *12,60* €

c)
8 s → 12 l
: 8 | : 8
1 s → 1,5 l
· 20 | · 20
20 s → 30 l

2 Berechne die fehlenden Größen der proportionalen Zuordnungen im Kopf.

a)

Anzahl	Gewicht (g)
6	18
1	3
10	30

b)

Hefte	Preis (€)
8	4,80
1	0,60
5	3,00

c)

Menge (kg)	Preis (€)
5	5,50
1	1,10
9	9,90

d)

Zeit (h)	Lohn (€)
3	45
1	15
10	150

3 Ergänze die Tabellen der proportionalen Zuordnungen.

a)

Menge (kg)	1	2	3	5	8
Preis (€)	2,50	5,00	7,50	12,50	20,00

b)

Menge (l)	2	5	8	11	15
Preis (€)	2,80	7,00	11,20	15,40	21,00

c)

Menge (m²)	6	5	9	16	22
Preis (€)	30	25	45	80	110

d)

Weg (km)	300	200	500	700	850
Verbrauch (l)	21	14	35	49	59,5

4 Löse jeweils mit dem Dreisatz und beantworte die Rechenfrage.

Text	a) 3 Tafeln Schokolade kosten 1,77 €. Wie viel kosten 5 Tafeln?	b) Für 5 Arbeitsstunden wurden 181 € berechnet. Wie viel muss für $3\frac{1}{2}$ Arbeitsstunden bezahlt werden?
Rechnung	*3 Tafeln → 1,77 €* *1 Tafel → 0,59 €* *5 Tafeln → 2,95 €*	*5 h → 181 €* *1 h → 36,20 €* *3,5 h → 126,70 €*
Antwort	*Fünf Tafeln Schokolade kosten 2,95 €.*	*Für $3\frac{1}{2}$ Arbeitsstunden müssen 126,70 € bezahlt werden.*

5 Berechne mit einem geeigneten Zwischenschritt.

a)

Stück	Gewicht (g)
8	1000
2	250
14	1750

b)

Fläche (m²)	Preis (€)
35	770
5	110
20	440

c)

Zeit (h)	Lohn (€)
9	157,50
3	52,50
15	262,50

d)

Gewicht (kg)	Preis (€)
$2\frac{1}{2}$	20,80
$\frac{1}{2}$	4,16
$1\frac{1}{2}$	12,48

1 Berechne die fehlenden Werte der proportionalen Zuordnungen im Kopf.

a)

Menge (kg)	Preis (€)
3	*4,50*
6	*9,00*
12	18,00

b)

Anzahl	Preis (€)
5	2,00
10	4,00
15	6,00

c)

Anzahl	Preis (€)
4	*3,20*
8	6,40
12	*9,60*

d)

Menge (g)	Preis (€)
100	*1,50*
300	4,50
600	9,00

2 Löse jeweils mit dem Dreisatz und beantworte die Rechenfrage.

Text	a) Bei 48 l Superbenzin zeigt die Zapfsäule einen Preis von 74,88 € an. Wie viel kostet das Befüllen eines Reservekanisters mit 5 l?	b) Katrin kauft sich 3,5 m Stoff für neue Gardinen und bezahlt 30,10 €. Ihrer Freundin Mareike gefällt der Stoff auch gut. Sie braucht 4,2 m.
Rechnung	*48 l → 74,88 €* *1 l → 1,56 €* *5 l → 7,80 €*	*3,5 m → 30,10 €* *1 m → 8,60 €* *4,2 m → 36,12 €*
Antwort	*Das Befüllen des Reservekanisters kostet 7,80 €.*	*4,2 m Stoff kostet 36,12 €.*

3 Ermittle die fehlende Größe.

2,29 €

750 g Glas

(1 kg ≙ *3,05 €*)

3,68 €

400 g Packung

(1 kg ≙ 9,20 €)

1,98 €

900 ml

(1 l ≙ 2,20 €)

2,79 €

6 x 60 g

(1 kg ≙ 7,75 €)

Nuss-Nugat Creme	*Hähnchenbrust*
750 g → 2,29 €	*1000 g → 9,20 €*
250 g → 0,763 €	*100 g → 0,92 €*
1000 g → 3,05 €	*400 g → 3,68 €*
Vanilleeis	***Croissants***
2,20 € → 1000 ml	*1000 g → 7,75 €*
1,00 € → $454,\overline{54}$ ml	*100 g → 0,775 €*
1,98 € → 900 ml	*360 g → 2,79 €*

4 Rayan bezahlt für ein Brot und fünf Brötchen 3,05 €. Raphael bezahlt für drei Brötchen derselben Sorte 0,69 €. Duc kauft vier dieser Brötchen und zwei Brote. Wieviel muss er bezahlen?

Preis für fünf Brötchen:	*Preis für ein Brot:*	*Ducs Einkauf:*
3 Brötchen → 0,69 €	*3,05 € − 1,15 €*	*Vier Brötchen: 4 · 0,23 € = 0,92 €*
1 Brötchen → 0,23 €	*= 1,90 €*	*Zwei Brote: 2 · 1,90 € = 3,80 €*
5 Brötchen → 1,15 €		*0,92 € + 3,80 € = 4,72 €*

Antwort: Duc bezahlt 4,72 €.

1 Kreuze die vier antiproportionale Zuordnungen an.

- ☐ Anzahl Orchestermitglieder → Zeit zum Spielen eines Liedes
- ☒ Anzahl leistungsgleicher Pumpen → Zeit zum Entleeren eines Beckens
- ☒ Anzahl Teilnehmer einer Busreise → Kosten pro Person
- ☐ Anzahl leistungsgleicher Maschinen → produzierte Stückzahl in bestimmter Zeit
- ☐ Menge einer Ware → Preis der Ware
- ☒ Anzahl leistungsgleicher Maschinen → Zeit für Erledigung bestimmter Arbeit
- ☐ Durchschnittsgeschwindigkeit → zurückgelegte Strecke
- ☒ Durchschnittsgeschwindigkeit → Zeit für eine bestimmte Strecke

2 Löse jeweils im Kopf.

a) Ein Futtervorrat reicht bei 8 Pferden 15 Tage.

Für 4 Pferde reicht er *30* Tage und für *12* Pferde 10 Tage.

b) 6 Maschinen brauchen für einen Auftrag 12 Stunden.

3 leistungsgleiche Maschinen benötigen *24* Stunden,

9 Maschinen 8 Stunden.

c) Bei 2 Mitspielern bekommt jeder 3 000 € vom Gewinn,

bei *6* Mitspielern 1 000 € und bei 4 Mitspielern *1 500* €.

3 Ergänze die Tabelle so, dass eine antiproportionale Zuordnung entsteht.

a)

Anzahl Bagger	Dauer in Tagen
3	8
1	*24*
4	*6*

b)

$\frac{km}{h}$	h
50	6
100	*3*
25	12

c)

Anzahl Personen	Preis je Person (€)
16	6
32	3
4	24

d)

Stühle je Reihe	Anzahl Reihen
20	*24*
15	*32*
12	40

4 Neun Metallbänder gleicher Länge sollen jeweils anders in gleich lange Streifen zerschnitten werden. Bestimme die fehlende Anzahl der Streifen bzw. Streifenlänge.

6 Streifen	60 cm	*12* Streifen	30 cm	3 Streifen	*120* cm
90 Streifen	*4* cm	10 Streifen	*36* cm	*40* Streifen	9 cm
20 Streifen	18 cm	*45* Streifen	8 cm	5 Streifen	*72* cm

5 Aus einer Teigmenge können 120 Brote zu 2 kg hergestellt werden. Wie viele Brote mit dem angegebenen Gewicht lassen sich damit jeweils herstellen?

500 g: *480* Brote

750 g: *320* Brote

2 kg → 120 Brote
:4 ↓ ↓ ·4
500 g → 480 Brote
:2 ↓ ↓ ·2
250 g → 960 Brote
↓ ↓ :3
750 g → 320 Brote

1 a) Welche Größen sind einander zugeordnet?

Durchschnittsgeschwindigkeit ($\frac{km}{h}$) und die dabei benötigte Fahrzeit für eine bestimmte Strecke sind einander zugeordnet.

b) Woran erkennst du sofort, dass eine antiproportionale Zuordnung vorliegt?

Alle einander zugeordneten Werte liegen auf einer Kurve (Hyperbel).

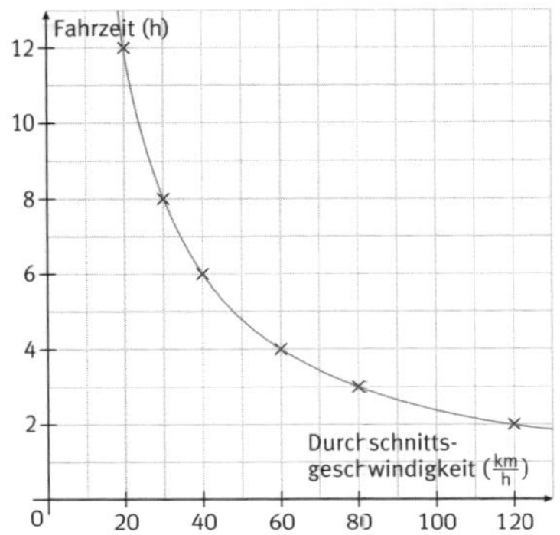

c) Lies die fehlenden Werte ab.

$\frac{km}{h}$	20	30	*40*	*60*	80	*120*
h	*12*	*8*	6	4	*3*	2

d) Wie lang ist die zurückgelegte Strecke?

Die zurückgelegte Strecke ist 240 km (z.B. 2 h · 120 $\frac{km}{h}$) lang.

2 Vier gleiche Pumpen können ein Schwimmbecken in neun Stunden füllen.

a) Ergänze die Wertetabelle und stelle die Zuordnung grafisch dar.

Anzahl Pumpen	1	2	3	4	6	8	9	12
Zeit (in h)	*36*	*18*	*12*	9	*6*	*4,5*	*4*	3

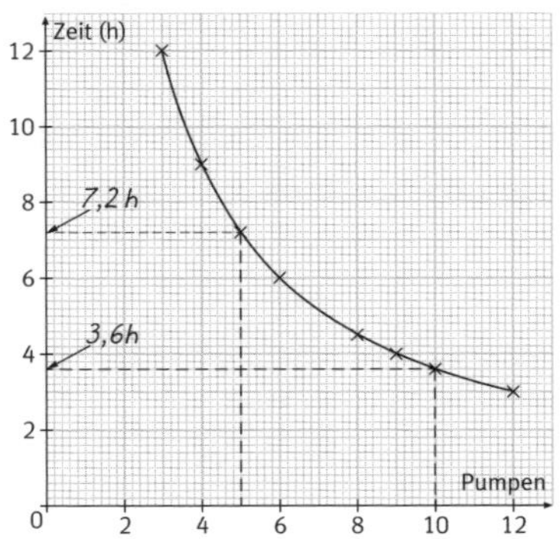

b) Wie viele Pumpen waren eingesetzt, wenn der Füllvorgang nach 7 h 12 min beendet war?

6 min = $\frac{1}{10}$ h = 0,1h
12 min = $\frac{1}{5}$ h = 0,2 h
7 h 12 min = 7,2 h

Ablesen ergibt: Bei einer Fülldauer von 7,2 h waren 5 Pumpen eingesetzt.
oder: 36 : 7,2 = 5

c) Gib die Zeit für 10 Pumpen wie in Aufgabe b) in Stunden und Minuten an.

5 Pumpen → 7,2 h
10 Pumpen → 3,6 h = 3 h 36 min
oder Ablesen: 10 Pumpen brauchen 3,6 h = 3 h 36 min.

1 a) Woran erkennst du sofort, dass die Zuordnung Anzahl der Maschinen → Dauer (d) antiproportional ist?

Alle einander zugeordneten Werte liegen auf einer Kurve (Hyperbel).

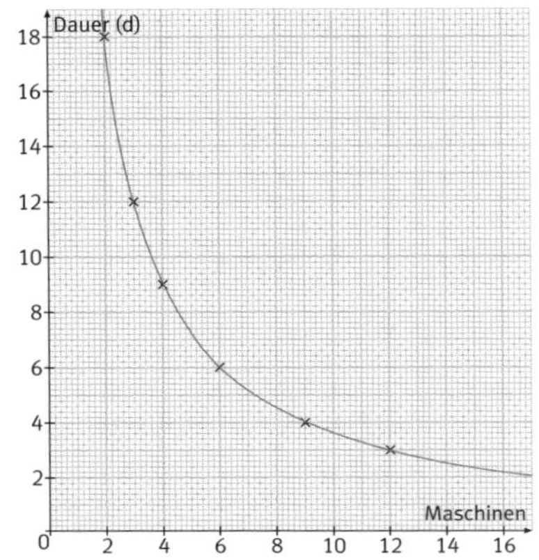

b) Ergänze durch Ablesen.

Maschinen	2	*3*	*4*	6	*12*
Dauer (d)	*18*	12	9	*6*	3

c) Berechne die Dauer für 8 Maschinen und vergleiche mit dem Schaubild.

: 2 (2 Maschinen → 18 d) · 2
· 8 (1 Maschine → 36 d) : 8
8 Maschinen → 4,5 d

2 Simon will ein 24 m² großes rechteckiges Freilaufgehege für seine Hasen bauen.

a) Ergänze die Wertetabelle und stelle die Ergebnisse grafisch dar.

Länge (m)	1	2	3	4
Breite (m)	*24*	*12*	*8*	*6*
Länge (m)	6	8	12	24
Breite (m)	*4*	*3*	*2*	*1*

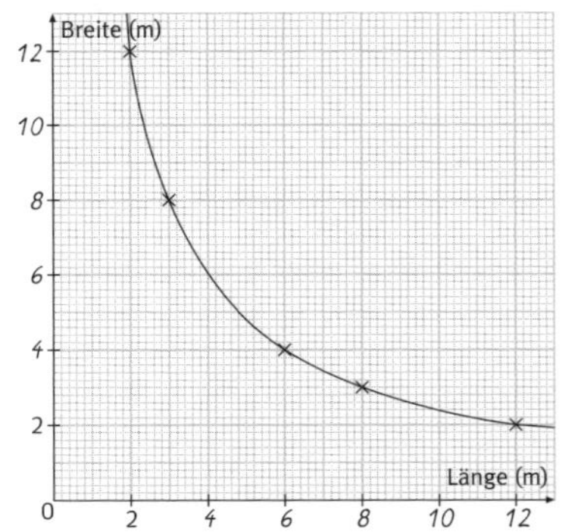

b) Gib zwei weitere Seitenlängenpaare an, die du bei genauem Zeichnen exakt ablesen kannst.

Länge (m)	*5*	*10*
Breite (m)	*4,8*	*2,4*

c) Bestimme fehlende Werte.

Länge (m)	1,5	*20*
Breite (m)	*16*	1,2

d) Sind alle möglichen Seitenlängenpaare auch sinnvoll? Begründe. Denke hierbei an die Bewegungsmöglichkeit für die Hasen, die Ausdehnung des Geheges sowie den Materialbedarf.

Die Seitenlängenpaare (1 | 24) bzw. (24 | 1) sowie (2 | 12) bzw. (12 | 2) sind nicht besonders sinnvoll, da

– die Bewegungsmöglichkeit der Hasen in eine Richtung jeweils stark eingeschränkt ist,

– das Gehege sich – Gartengröße vorausgesetzt – sehr ausgedehnt in eine Richtung erstreckt,

– der Materialbedarf deutlich höher ist.

1 Vervollständige jeweils die Rechnung.

a) Lottogewinn

Spieler		Gewinn je Person (€)	
:4	8	600	·4
	2	2 400	

b) Abtransport Bauschutt

	Lkw	Stunden	
:5	5	24	·5
·3	1	120	:3
	3	40	

c) Futtervorrat

	Kühe	Tage	
:6	12	20	·6
·5	2	120	:5
	10	24	

2 Berechne fehlende Werte der antiproportionale Zuordnungen im Kopf.

a)

Lkw	1	2	3	6	12
Fahrten	24	12	8	4	2

b)

Bagger	4	2	6	3
Arbeitstage	9	18	6	12

c)

Maschinen	6	2	4	3
Arbeitszeit (h)	10	30	15	20

d)

Mitspieler	1	3	5	12
Gewinn (€)	300	100	60	25

3 Die Rechtecke haben jeweils den gleichen Flächeninhalt. Bestimme fehlende Längen bzw. Breiten.

a)

Länge (dm)	Breite (dm)
8	12
16	6
32	3

b)

Länge (cm)	Breite (cm)
12	42
36	14
18	28

c)

Länge (m)	Breite (m)
36	35
72	17,5
24	52,5

4 Finde und verbessere die Fehler in den Wertetabellen der antiproportionalen Zuordnungen.

a)

Stühle pro Reihe	6	8	10	12	15	20	30	48
Sitzreihen	80 ✓	~~70~~ 60	48 ✓	~~42~~ 40	32 ✓	24 ✓	~~18~~ 16	10 ✓

b)

Teilnehmer	12	15	16	20	24	25	32	40
Preis (€)	30 ✓	~~26~~ 24	~~22~~ 22,50	18 ✓	15 ✓	14,40 ✓	~~11~~ 11,25	9 ✓

5 Ein Heuvorrat reicht für 7 Pferde 24 Tage.
a) Wie lange reicht der Vorrat für 8 Pferde?
b) Wie viele Pferde können mit Heu versorgt werden, wenn der Vorrat 14 Tage reicht?

a) :7 (7 Pferde → 24 Tage) ·7
·8 (1 Pferd → 168 Tage) :8
8 Pferde → 21 Tage

b) :24 (24 Tage → 7 Pferde) ·24
·14 (1 Tag → 188 Pferde) :14
14 Tage → 12 Pferde

1 Wer ist der bessere Torschütze? Markus hat bei 8 Torchancen 7 Tore geschossen, Lukas hatte bei 10 Chancen 8 Treffer. Vergleiche die Leistungen der beiden miteinander.

geschossene Tore	Markus	< oder >	Lukas	besserer Schütze
absoluter Vergleich	7	<	8	Lukas
relativer Vergleich	$\frac{7}{8}$	>	$\frac{8}{10}$	Markus

2 Ergänze die Tabelle nach vorgegebenem Muster.

gekürzter Bruch	$\frac{3}{4}$	$\frac{1}{5}$	$\frac{1}{2}$	$\frac{1}{100}$	$\frac{1}{4}$	$\frac{9}{20}$	$\frac{1}{10}$	1	$\frac{1}{20}$	$\frac{9}{10}$
Hundertstelbruch	$\frac{75}{100}$	$\frac{20}{100}$	$\frac{50}{100}$	$\frac{1}{100}$	$\frac{25}{100}$	$\frac{45}{100}$	$\frac{10}{100}$	$\frac{100}{100}$	$\frac{5}{100}$	$\frac{90}{100}$
Dezimalzahl	0,75	0,2	0,5	0,01	0,25	0,45	0,1	1,0	0,05	0,9
Prozentangabe	75 %	20 %	50 %	1 %	25 %	45 %	10 %	100 %	5 %	90 %

3 Vervollständige.

a) 35 % — $\frac{7}{20}$ — 0,35
b) 2 % — $\frac{1}{50}$ — 0,02
c) 65 % — $\frac{65}{100}$ — 0,65
d) 1 % — $\frac{1}{100}$ — 0,01
e) 16 % — $\frac{4}{25}$ — 0,16

4 Gib den gefärbten Anteil als Bruch und als Prozentsatz an.

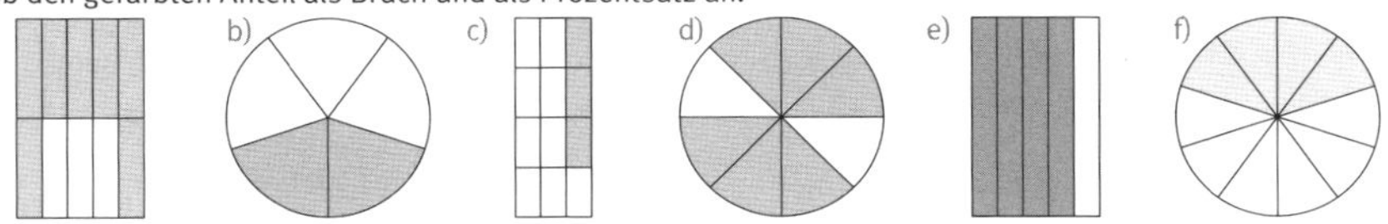

a) $\frac{7}{10} = 70$ %
b) $\frac{2}{5} = 40$ %
c) $\frac{1}{4} = 25$ %
d) $\frac{3}{4} = 75$ %
e) $\frac{4}{5} = 80$ %
f) $\frac{2}{5} = 40$ %

5 Eine Gärtnerin züchtet Blumen. Durch einen Nachtfrost geht ein Teil der Pflanzen ein. Welche Sorte ist am widerstandsfähigsten? Löse in Prozent.

	Astern	Nelken	Veilchen
Anzahl der Pflanzen	400	220	100
Anzahl der erfrorenen Pflanzen	140	110	40

Astern: $\frac{140}{400} = \frac{35}{100} = 0{,}35 = 35$ %

Nelken: $\frac{110}{220} = 0{,}5 = 50$ %

Veilchen: $\frac{40}{100} = 0{,}4 = 40$ %

Die Astern sind am widerstandsfähigsten.

1 Gib den angegebenen Prozentsatz als Bruch an und färbe die Figur ein.

a) b) c) d) e) f)

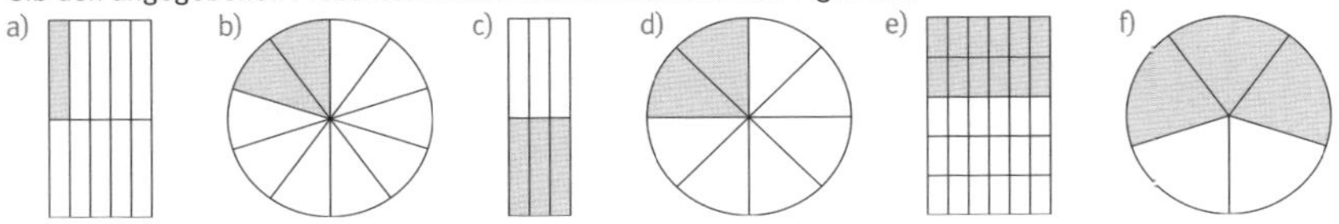

$10\,\% = \frac{1}{10}$ $20\,\% = \frac{1}{5}$ $50\,\% = \frac{1}{2}$ $25\,\% = \frac{1}{4}$ $40\,\% = \frac{2}{5}$ $60\,\% = \frac{3}{5}$

2 Vergleiche die Anteile miteinander. Beginne mit dem kleinsten. Wie viel fehlt jeweils zu 100%?

	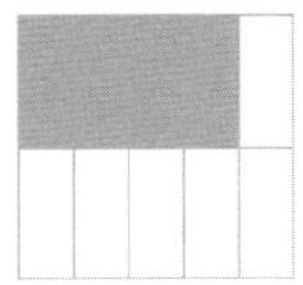	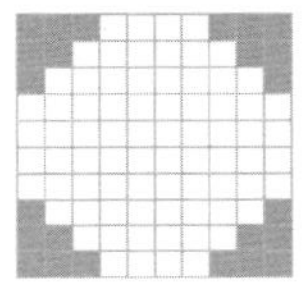	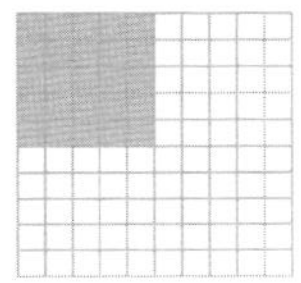	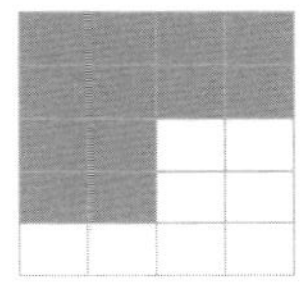
Reihenfolge	3	1	2	4
zu 100% fehlen	$\frac{6}{10}$ = 60%	$\frac{76}{100}$ = 76%	$\frac{75}{100}$ = 75%	$\frac{3}{20}$ = 40%

3 Vergleiche die Anteile und setze <, > oder =.

a) $\frac{3}{4} < \frac{4}{5}$ b) $12\,\% < \frac{1}{8}$ c) $\frac{14}{50} = 28\,\%$ d) $0{,}65 < \frac{17}{25}$ e) $17\,\% > 0{,}15$ f) $\frac{1}{2} = 50\,\%$

4 Ordne die Anteile der Größe nach.

a) $\frac{1}{20}; \frac{4}{10}; \frac{7}{10}; \frac{1}{2}; \frac{48}{100}; \frac{9}{50}$ $\frac{1}{20} < \frac{9}{50} < \frac{4}{10} < \frac{48}{100} < \frac{1}{2} < \frac{7}{10}$

b) $\frac{12}{50}$; 23%; 0,3; $\frac{48}{100}$; 0,87; $\frac{1}{2}$ 23% < $\frac{12}{50}$ < 0,3 < $\frac{48}{100}$ < $\frac{1}{2}$ < 0,87

5 Der „Regenwurm" Max kriecht aus seinem Erdloch. Die einzelnen Glieder sind jeweils gleich lang. Gib die gesuchten Anteile jeweils als Bruch, als Dezimalzahl und in Prozent an.

		Bruch	Dezimalzahl	Prozent
a)	Welcher Anteil schaut aus der Erde?	$\frac{4}{10} = \frac{2}{5}$	0,4	40 %
b)	Welcher Anteil ist rot?	$\frac{5}{10} = \frac{1}{2}$	0,5	50 %
c)	Welcher Anteil ist orange?	$\frac{3}{10}$	0,3	30 %
d)	Welcher Anteil ist nicht weiß?	$\frac{8}{10} = \frac{4}{5}$	0,8	80 %
e)	Der 15 cm lange Max wächst um 6 cm. Wie groß ist der Zuwachs?	$\frac{6}{15} = \frac{2}{5} = \frac{4}{10}$	0,4	40 %

6 Drücke folgende Sachverhalte durch Prozente aus.

a) 2 von 5 Schülern haben ein eigenes Zelt, das sind 40 %.

b) Von 50 € hat Jasmin 17 € schon ausgegeben, das sind 34 %.

c) Das Verhältnis von Jungs zu Mädchen ist 52 : 48. Also sind 52 % männlich.

d) Bei jedem fünften Wurf würfelte Thomas eine 6, also waren 20 % seiner Würfe eine 6.

1 Ordne die Angaben aus dem Text den Begriffen Grundwert (G), Prozentwert (W) und Prozentsatz (p) zu. Stelle dann den Sachverhalt graphisch dar, indem du im vorgegebenen Streifen (100%) den Prozentsatz farbig markierst.

a) Von den 30 Schülern der Klasse 7c mögen 24 den Sportunterricht. Das sind 80%.

G = 30 W = 24

p = 80

b) 140 Schüler gehen in die 7. Klasse. Davon haben 40 %, also 56 Schüler, ein Haustier.

G = 140 W = 56

p = 40

c) Edanur hat beim Würfeln zwölfmal eine 6 gewürfelt. Das waren bei ihren 60 Würfen 20 %.

G = 60 W = 12

p = 20

2 Entscheide aus dem Text, welche Größe (G, W oder p) noch berechnet werden muss. Kreise den zugehörigen Buchstaben ein. Diese ergeben von oben nach unten gelesen ein Lösungswort.

		G	W	p
a)	Ein 120 g schwerer Apfel enthält 6,8 g Fruchtzucker.	Ö	N	(A)
b)	Der Preis eines Zirkels wurde von 15,50 € auf 12,40 € herabgesetzt.	L	Ä	(U)
c)	Monikas Vater erhält beim Autokauf einen Rabatt von 19% und spart somit 4370 €.	(F)	H	S
d)	Von den 16 Mädchen einer Klasse sind 18,75 % Vegetarierinnen.	A	(G)	F
e)	Nicos erwachsener Labrador Ben wiegt 30 kg. Bei seiner Geburt wog er nur 1,2% davon.	R	(A)	L
f)	In Evas Matheheft sind nur noch 3 Seiten unbeschrieben. Es sind also noch 12,5% frei.	(B)	R	U
g)	Nico ist im letzten Jahr um 9 cm, also um 6,5 % gewachsen.	(E)	N	G

Lösungswort: AUFGABE

3 Lisa geht auf Schnäppchenjagd. Dabei findet sie in Geschäften die abgebildeten Preisplakate. Welche Größen der Prozentrechnung (G, W, p) sind darauf angegeben?

a)

b)

c)

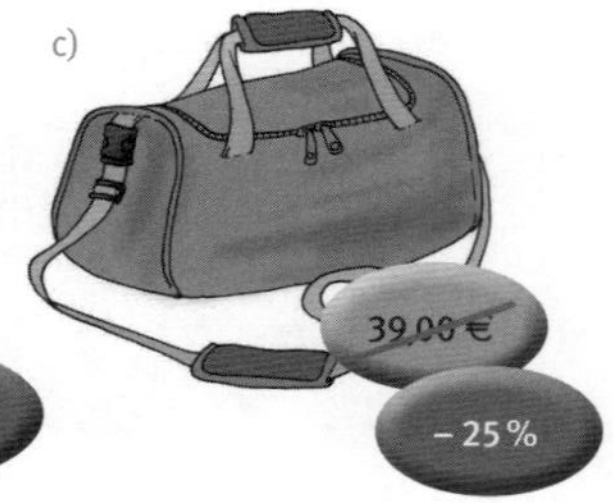

a) p und W b) G und W c) G und p

1 Gib an, ob es sich um den Grundwert G, den Prozentwert W oder den Prozentsatz p handelt.

a) Nachlass im Sommerschlussverkauf: Alle Jeanshosen kosten jetzt nur noch 60 % *(p)* des ursprünglichen Preises von 112 € *(G)*. Die Hosen kosten also noch 67,20 €.

b) Lisa joggt jeden Tag 1,5 km *(W)*. Das sind 30 % *(p)* von Martins 5-km-Runde.

c) In Boulder, einer Stadt in den USA, scheint an 300 Tagen *(W)* im Jahr *(G)* die Sonne, also an 82 % *(p)* der Tage.

2 Ordne jeweils zu, indem du jede Aufgabe mit den richtige Angaben verbindest. Fülle dann die Lücken aus.

Paul spart 70 % von seinem Geld auf einem Sparkonto an. Das sind 105 €.	Gegeben: W = *70 €*; p = 20	Gesucht: *G*
Alex hat 320 € gespart. 70 % davon bezahlt sie für eine neue Jacke.	Gegeben: W = *105 €*; p = 70	Gesucht: *G*
Tobi zahlt jährlich 70 € für eine Zeitschrift. Das sind 20 % seines Taschengelds.	Gegeben: *G = 70 €*; W = 20 €	Gesucht: *p*
Murat bekommt einen Gutschein über 70 €. Er gibt aber nur 20 € davon aus.	Gegeben: G = *320 €*; p = 70	Gesucht: *W*

3 Ergänze.

a) 50 % von 24 km sind *12* km

10 % von 960 € sind *96* €

25 % von 48 t sind *12* t

1 % von 1 560 € sind *15,60* €

20 % von 10 l sind *2* l

75 % von 60 m² sind *45* m²

b) *25* % von 28 kg sind 7 kg

10 % von 135 kg sind 13,5 kg

5 % von 60 m sind 3 m

1 % von 850 € sind 8,50 €

50 % von 106 l sind 53 l

20 % von 25 t sind 5 t

4 Die Klasse 7a hat 24 Schüler. Gib jeweils die Anzahl der Schüler für folgende Aussagen an.

a) 25 % sind in einem Sportverein. — *6* Schüler sind in einem Sportverein.

b) 50 % kommen mit dem Rad zur Schule. — *12* Schüler kommen mit dem Rad.

c) 75 % singen im Schulchor. — *18* Schüler singen im Schulchor.

5 Die Klasse 7b hat 30 Schüler. Gib folgende Angaben mit Prozentsätzen an.

a) 18 Schüler kommen mit dem Bus.

60 % kommen mit dem Bus.

b) 9 Schüler kommen mit dem Rad.

30 % kommen mit dem Rad.

c) Die restlichen Schüler kommen zu Fuß.

10 % kommen zu Fuß.

1 Formuliere zuerst eine Rechenfrage und löse dann mit einem Antwortsatz.

a) Eine Packung Quark (500 g) hat einen Fettanteil von 40 %.

Frage: *Wie viel Gramm Fett sind in 500 g Quark enthalten?*

Angabe in %	Gramm
100	500
1	*5*
40	*200*

$W = \frac{G}{100} \cdot p$

$W = \frac{500}{100} \cdot$ *40*

W = *200*

Antwort: *In 500 g Quark sind 200 g Fett enthalten.*

b) In einem Garten sind 30 % von 300 m² mit Rasen eingesät.

Frage: *Wie viel m² der Rasenfläche sind eingesät?*

Angabe in %	Fläche
100	300 m²
1	*3*
30	*90*

$W = \frac{G}{100} \cdot p$

$W = \frac{300}{100} \cdot$ *30*

W = *90*

Antwort: *90 m² Rasenfläche sind eingesät.*

2 Berechne den Prozentwert mit dem Taschenrechner.

Grundwert G	1 200 €	460 €	60 €	85 €	250 €	600 €
Prozentsatz p	13 %	27 %	31 %	54 %	77 %	95 %
Prozentwert W	*156 €*	*124,20 €*	*18,60 €*	*45,90 €*	*192,50 €*	*570 €*

3 In einer Packung Gummibärchen (220 g) sind 45 % Zucker enthalten. Wie viel g Zucker sind das?

G = 220 g

p = 45

$W = \frac{220}{100} \cdot 45 = 99$

Das Gummibärchen enthalten 99 g Zucker.

4 a) Von 1 800 befragten Jugendlichen haben 90 % ein Smartphone. Wie viele Jugendliche sind das?

G = 1800 Jugendliche

p = 90

$W = \frac{1800}{100} \cdot 90 = 1620$

1620 Jugendliche haben ein Smartphone.

b) Wie könntest du den Prozentwert hier geschickter und einfacher berechnen. Erläutere.

Man berechnet, wie viel 10 % der befragten Jugendlichen sind (Jugendliche, die kein Smartphone besitzen). Diese Anzahl wird von 1800 substrahiert.

1 Formuliere zuerst eine Rechenfrage und löse dann mit einem Antwortsatz.

a) Karola hat 350 € gespart. Sie gibt 210 € für eine Stereoanlage aus.

Frage: *Wie viel Prozent ihres Ersparten gibt Karola aus?*

Betrag	Angabe in %
350 €	100
1 €	100 : *350*
210 €	100 : *350* · *210* = *60*

$p = \frac{100}{G} \cdot W$

$p = \frac{100}{350} \cdot 210$

p = *60*

Antwort: *Karola gibt 60 % ihres Ersparten aus.*

b) Bei einer Geschwindigkeitskontrolle fuhren von 360 Fahrern 27 zu schnell.

Frage: *Wieviel Prozent der Fahrer fuhren zu schnell?*

Fahrer	Angabe in %
360	100
1	100 : *360*
27	100 : *360* · *27* = *7,5*

$p = \frac{100}{G} \cdot W$

$p = \frac{100}{360} \cdot 27$

p = *7,5*

Antwort: *7,5 % aller Fahrer fuhren zu schnell.*

2 Berechne den Prozentsatz im Kopf.

a) 40 € von 400 € *10 %*
b) 50 € von 200 € *25 %*
c) 160 € von 800 € *20 %*
d) 160 € von 400 € *40 %*

3 Berechne den Prozentsatz mit dem Taschenrechner.

Prozentwert W	45 €	67,5 l	200 kg	28 cm	27 km	10,4 m²
Grundwert G	50 €	90 l	500 kg	80 cm	45 km	32 m²
Prozentsatz p	*90 %*	*75 %*	*40 %*	*35 %*	*60 %*	*32,5 %*

4 Das Grundstück der Familie Walther ist 625 m² groß. Das Haus darauf nimmt eine Fläche von 175 m² ein. Wie viel Prozent sind dies?

G = 625 m²
W = 175 m²

$p = \frac{100}{625} \cdot 175 = 28$

Die Fläche des Hauses entspricht 28 %.

5 a) Ägypten hat rund 94 Millionen Einwohner. Die größte Stadt ist Kairo, die mit Vororten rund 20 Millionen Einwohner zählt. Wie viel Prozent aller Ägypter wohnen in und um Kairo?

b) Vergleiche mit Deutschland und Berlin.

a) G = 94 Mio. Einwohner
W = 20 Mio. Einwohner $p = \frac{100}{94} \cdot 20 \approx 21,3$

b) G = 82 Mio. Einwohner
W = 3,5 Mio. Einwohner $p = \frac{100}{82} \cdot 3,5 \approx 4,3$

21,3 % aller Ägypter wohnen in und um Kairo.
4,3 % aller Deutschen wohnen in Berlin.

Grundwerte berechnen

1 Formuliere zuerst eine Rechenfrage und löse dann mit einem Antwortsatz.

a) Peter fährt an einem Tag 60 km. Das sind 30% der Strecke, die er zurücklegen will.

Frage: *Wie lang ist die Gesamtstrecke?*

Angabe in %	Strecke
30	60 km
1	*2 km*
100	*200 km*

$G = \frac{W}{p} \cdot 100$

$G = \frac{60}{30} \cdot 100$

G = *200*

Antwort: *Die Gesamtstrecke von Peter ist 200 km lang.*

b) Bei der Tombola des Schulfests gibt es 60 Preise. 15% der Lose sollen Gewinnlose sein.

Frage: *Wie viele Lose gibt es insgesamt?*

Angabe in %	Lose
15	60
1	*4*
100	*400*

$G = \frac{W}{p} \cdot 100$

$G = \frac{60}{15} \cdot 100$

G = *400*

Antwort: *Insgesamt gibt es 400 Lose.*

2 Berechne den Grundwert im Kopf.

a) 46 € sind 10% *460 €*
b) 23 € sind 5% *460 €*
c) 120 km sind 25% *480 km*
d) 10 m² sind 40% *25 m²*

3 Berechne den Grundwert.

Grundwert	*818,18 €*	*88,89 €*	*1944,44 €*	*3021,05 €*	*545,45 €*	*641,03 €*
Prozentsatz	11%	45%	27%	19%	22%	78%
Prozentwert	90 €	40 €	525 €	574 €	120 €	500 €

4 In der Jahrgangsstufe 7 nutzen 42 Schüler daheim das Internet. Das sind 87,5 % aller Schüler der Stufe.

W = 42 Schüler
p = 87,5

$G = \frac{42}{87,5} \cdot 100 = 48$

In die Jahrgangsstufe 7 gehen 48 Schüler

5 Cindy spart Geld für ein Tablet. 70% hat sie schon zusammen, das sind 64,40 €. Ihr Vater bezahlt den Rest.

W = 64,40 €
p = 70

$G = \frac{64,40\,€}{70} \cdot 100 = 92\,€$

92 € − 64,40 € = 27,60 €

Das Tablet kostet 92 €, davon bezahlt der Vater 27,60 €

1 Bestimme Prozentwert, Grundwert oder Prozentsatz.

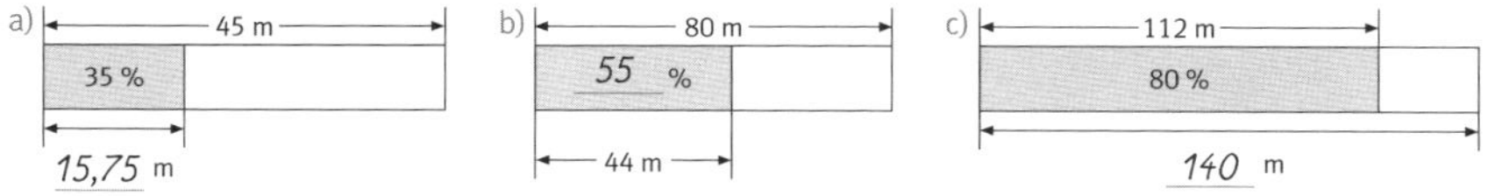

2 Entscheide, ob Grundwert, Prozentsatz oder Prozentwert gesucht sind, dann berechne sie mit einem Verfahren deiner Wahl. Antworte sinnvoll.

a) In einer Lostrommel sind von 840 Losen 45 % Nieten.

gesucht: *Prozentwert*

Antwort: *In der Lostrommel sind 378 Nieten.*

$W = \frac{G}{100} \cdot p$

$= \frac{840}{100} \cdot 75 = 378$

b) Aus dem Internet wird eine 165 MB große Datei heruntergeladen. 90 % sind bereits übertragen.

gesucht: *Prozentwert*

Antwort: *148,5 MB sind bereits übertragen.*

$W = \frac{G}{100} \cdot p$

$= \frac{165}{100} \cdot 90 = 148{,}5$

c) In der Klasse 7a kommen 12 Schüler mit dem Bus zur Schule. Das sind 40 % der Klasse.

gesucht: *Grundwert*

Antwort: *In der Klasse sind 30 Schüler.*

$G = \frac{W}{p} \cdot 100$

$= \frac{12}{40} \cdot 100 = 30$

3 Berechne den Prozentwert, den Prozentsatz oder den Grundwert im Kopf.

a) 25 kg von 500 kg *5* %

b) 30 % von 270 m^2 *81* m^2

c) 200 km entsprechen 25 % *800* km

d) 90 % von 2 000 g *1800* g

4 Löse mit einem Verfahren deiner Wahl.

a) 32 % einer 270 g schweren Wurst sind Fett. Wie viel g sind das?

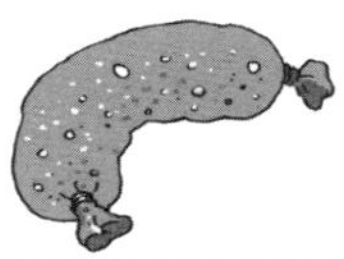

Zuordnen	Grundwert 270 g	Prozentsatz 32 %	Prozentwert W
Aufgabe	32 % von 270 g		
Rechnung	$W = \frac{G}{100} \cdot p = \frac{270}{100} \cdot 32 = 86{,}4$ g		
Antwort	*86,4 g der Wurst sind Fett.*		

b) Von 40 kg Pflaumen verdarben 600 g. Wie viel Prozent waren verdorben?

Zuordnen	Grundwert *40 kg*	Prozentsatz *p*	Prozentwert *600 g*
Aufgabe	*600 g (0,6 kg) von 40 kg*		
Rechnung	$p = \frac{100}{G} \cdot W = \frac{100}{40} \cdot 0{,}6 = 1{,}5$		
Antwort	*1,5 % der Pflaumen waren verdorben.*		

1 Überlege dir zu folgendem Text eine Frage. Schreibe Rechnung und Antwort auf.

a) Das Elektrogeschäft bietet den Flachbildschirm PX 829 für 378 € an.
Das Ausstellungsmodell wird nach 4 Wochen mit 15 % Preisnachlass verkauft.

Frage: *Wie teuer war das Ausstellungsmodell?*

Rechnung:

Angabe in %	Betrag
100	378 €
1	3,78 €
15	56,70 €

378,00 €
– 56,70 €
321,30 €

Antwort: *Das Ausstellungsmodell kostet 321,30 €.*

b) Eine Waschmaschine kostet 700 €. Herr Huber bezahlt sie bar und erhält daher einen Preisnachlass von 3 %.

Frage: *Wie viel kostet die Waschmaschine?*

Rechnung:

Angabe in %	Betrag
100	700 €
1	7 €
3	21 €

700,00 €
– 21,00 €
679,00 €

Antwort: *Die Waschmaschine kostet 679,00 €.*

2 Berechne nach dem Rechenplan die Preise nach der zweimaligen Erhöhung.

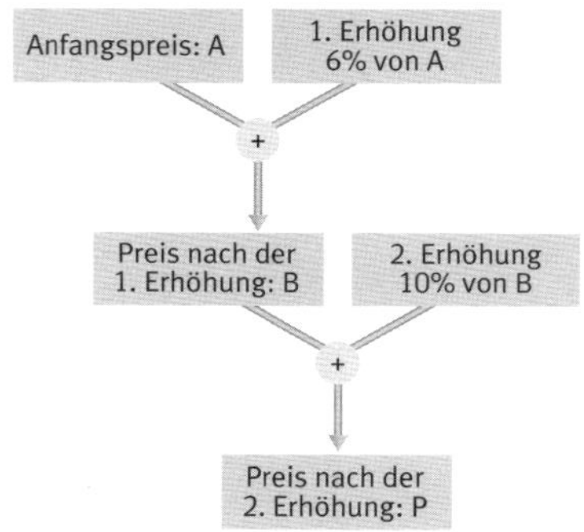

Wohnzimmerleuchte: 280 € Studiostrahler: 120 €

Wohnzimmerleuchte:

280 € : 100 · 106 = 296,80 €

296,80 € : 100 · 110 = 326,48 €

Studiostrahler:

120 € : 100 · 106 = 127,20 €

127,20 € : 100 · 110 = 139,92 €

3 Herr Eichinger arbeitet 38 Stunden in der Woche als Krankenpfleger. Pro Stunde bekommt er 18,50 €. Für die Arbeit an Feiertagen erhält er einen Aufschlag von 24 % des Stundenlohnes. Am Ostermontag arbeitete Herr Eichinger acht Stunden. Wie viel verdiente er in dieser Woche insgesamt?

Lohn für Feiertagsarbeit:

18,50 € : 100 · 124 = 22,94 €

22,94 € · 8 = 183,52 €

Lohn für sonstige Woche (30 h):

18,50 € · 30 = 555 €

555 € + 183,52 € = 738,52 €

Herr Eichinger verdiente in dieser Woche 738,52 €.

1 Fahrradhändler Schicker verkauft Rennräder ausschließlich der Marken „Blitz“ und „Tempo“. Das Diagramm zeigt für die Jahre 2013 bis 2016 die Anzahl verkaufter Rennräder dieser beiden Marken.

a) Wie viele Rennräder der Marke „Blitz“ wurden in den Jahren 2013 bis einschließlich 2016 insgesamt verkauft?

500 + 600 + 450 + 700 = 2250

b) In welchem Jahr war der Anteil der Rennräder der Marke „Tempo“ an der Gesamtzahl der im selben Jahr verkauften Rennräder am kleinsten? Begründe deine Antwort.

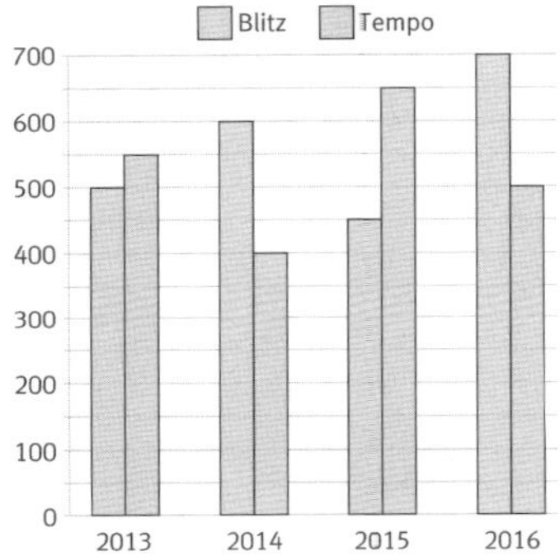

2013: $\frac{550}{1050} \approx 0{,}52$ 2014: $\frac{400}{1000} = 0{,}40$

2015: $\frac{650}{1100} \approx 0{,}59$ 2016: $\frac{500}{1200} \approx 0{,}42$

Im Jahr 2014 war der Anteil am kleinsten.

2 Das Diagramm beschreibt die Ergebnisse der ersten Klassenarbeit in Mathematik der Klasse 7a, die aus 28 Schülern besteht.

a) Wie viel Prozent der Schüler der Klasse 7a erhielten die Note 2?

b) Wie viel Prozent der Schüler haben mindestens eine ausreichende Leistung erbracht?

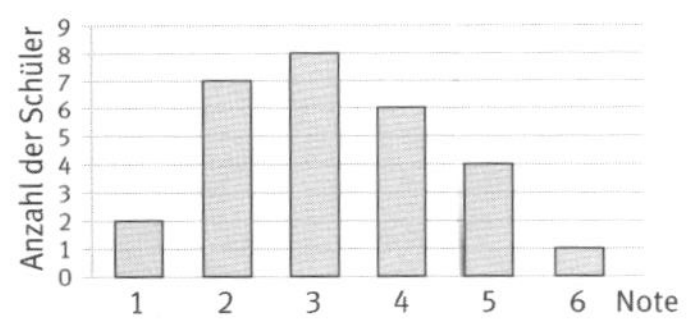

28 Schüler ≙ 100%
7 Schüler ≙ 25%
25% der Schüler der Klasse 7a erhielten die Note 2.

2 + 7 + 8 + 6 ≙ 23 Schüler
$\frac{23}{28}$ = 0,82 ≙ 82%
Ungefähr 82% der Schüler haben die Note 4 oder besser erhalten.

3 Familie Schilf wohnt in einem Haus mit Gasheizung. Herr Schilf hat ein Balkendiagramm erstellt, das für die Jahre 2014 bis 2016 den jährlichen Gasverbrauch in m^3 zeigt.

a) Erkläre, warum bei diesem Balkendiagramm leicht der Eindruck entstehen kann, dass der Gasverbrauch in den Jahren von 2014 bis 2016 stärker gesunken ist, als es in Wirklichkeit der Fall war.

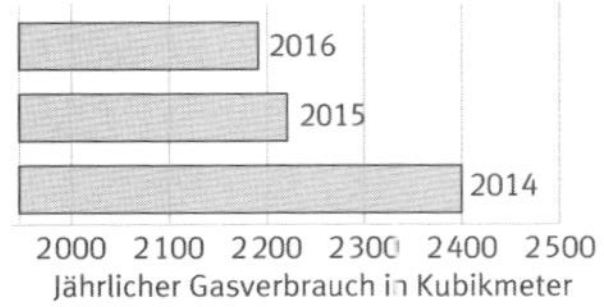

Weil die Achse für den jährlichen Gasverbrauch erst bei 2000 m^3 beginnt.

b) Der Gasverbrauch im Jahr 2014 lag um 20% unter dem Verbrauch des Jahres 2013, da Familie Schilf im Frühjahr 2014 eine Solaranlage auf dem Dach des Hauses installiert hat. Berechne, wie viele Kubikmeter Gas im Jahr 2013 verbraucht wurden.

$G = 2400\ m^3$; $p = 80\ \%$
$G = \frac{2400}{80} \cdot 100 = 3000$

2013 betrug der Gasverbrauch 3000 m^3.

1 Bei einer Bürgermeisterwahl gaben 55 % der 19 000 Wahlberechtigten ihre Stimme ab. Im Kreisdiagramm ist die Stimmenverteilung dargestellt.

a) Berechne die Anzahl der Stimmen für die einzelnen Kandidaten sowie die Anzahl der ungültigen Stimmen.

b) Stelle den Sachverhalt in einem Säulendiagramm dar. Runde geeignet.

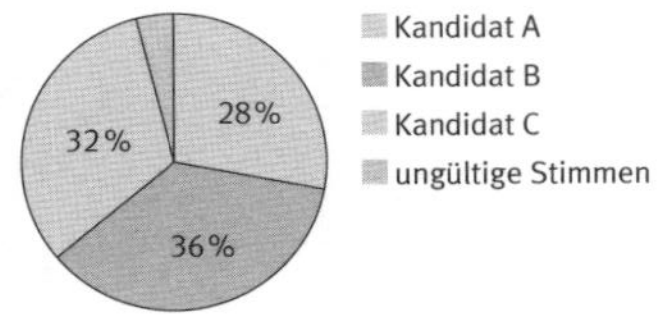

Gesamtanzahl der Stimmen: *55* % von *19 000 St.* : *10 450 St.*

Kandidat A: *28* % von *10 450 St.* : *2 926 St.*

Kandidat B: *36* % von *10 450 St.* : *3 762 St.*

Kandidat C: *32* % von *10 450 St.* : *3 344 St.*

Ungültige Stimmen: *4* % von *10 450 St.* : *418 St.*

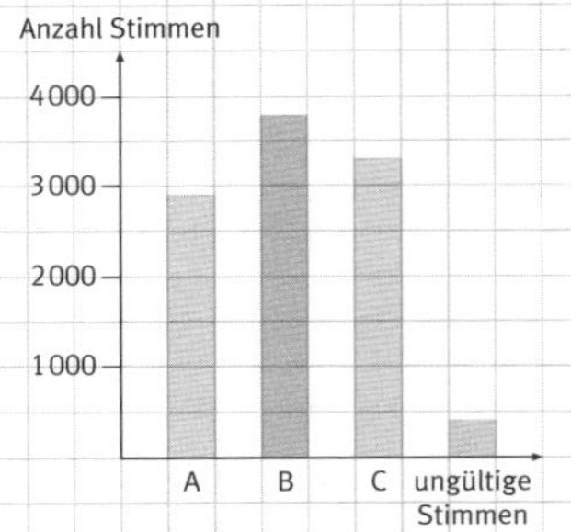

$19000 \cdot \frac{55}{100} = 10450$
$10450 \cdot \frac{28}{100} = 2926 \approx 2900$
$10450 \cdot \frac{36}{100} = 3762 \approx 3800$
$10450 \cdot \frac{32}{100} = 3344 \approx 3300$
$10450 - (2926 + 3762 + 3344) = 418 \approx 400$

2 Familie Salomon legt 600 € pro Monat zurück, das sind 16 % des gesamten Einkommens. Die monatlichen Ausgaben der Familie verteilen sich folgendermaßen:

Abzahlung Haus (H): 15 % Nebenkosten (N): 12,5 % Rate Auto (A): 7,5 %
Lebensmittel (L): 20 % Rücklagen für Urlaub (U): 12 % Kleidung (K): 17 %
(Angegeben sind die prozentualen Anteile des Gesamteinkommens.)

a) Gib das Gesamteinkommen von Familie Salomon pro Monat an.

$600\ € \cdot \frac{100}{16} = 3750\ €$

b) Berechne die jeweiligen Ausgaben in Euro und stelle die Ergebnisse in einem Balkendiagramm dar. Runde die Ergebnisse auf ganze Zehnerbeträge und wähle einen geeigneten Maßstab.

H: $3750\ € \cdot \frac{15}{100} = 562{,}50\ € \approx 560\ €$
N: $3750\ € \cdot \frac{12{,}5}{100} = 468{,}75\ € \approx 470\ €$
A: $3750\ € \cdot \frac{7{,}5}{100} = 281{,}25\ € \approx 280\ €$
L: $3750\ € \cdot \frac{20}{100} = 750\ €$
U: $3750\ € \cdot \frac{12}{100} = 450\ €$
K: $3750\ € \cdot \frac{17}{100} = 637{,}50\ € \approx 640\ €$

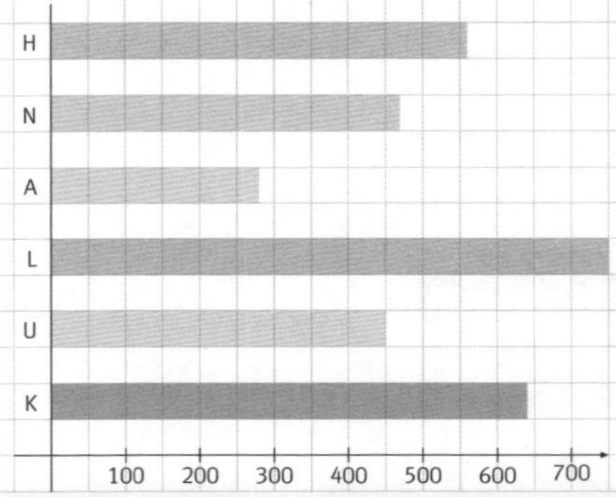

1 Verbinde die Punkte der Reihe nach. Markiere die entstehenden Dreiecke so:
rechtwinklig – rot ☰ spitzwinklig – grün |||| stumpfwinklig – blau #

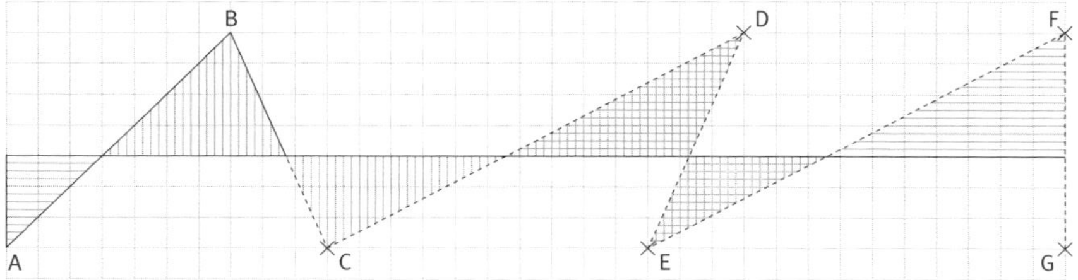

2 Trage richtig in die Tabelle ein.

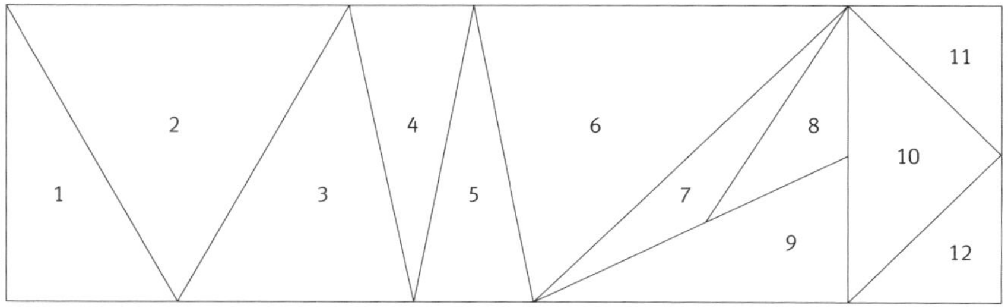

	spitzwinklig	rechtwinklig	stumpfwinklig
gleichseitig	*2*	–	–
gleichschenklig	*4; 5*	*10; 11; 12*	*8*
allgemein	*3; 6*	*1; 9*	*7*

3 Zwei Punkte eines Dreiecks sind gegeben. Wähle den dritten Punkt so, dass folgende Dreiecksarten entstehen und zeichne. Es gibt mehrere Möglichkeiten.

a) rechtwinkliges Dreieck:
A_1 (1|2), B_1 (4|2), C_1 *z. B. (4 | 5)*

b) spitzwinkliges Dreieck:
A_2 *z. B. (5 | 1)*, B_2 (7|1), C_2 (6|4)

c) stumpfwinkliges Dreieck:
A_3 (8|2), B_3 (11|2), C_3 *z. B. (7 | 5)*

d) gleichschenkliges Dreieck:
A_4 (12|1), B_4 *z. B. (14 | 1)*, C_4 (13|4)

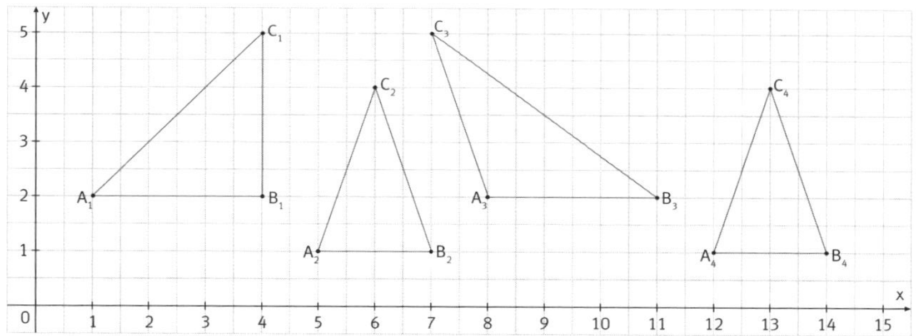

1 Berechne die fehlenden Winkelmaße in den abgebildeten Dreiecken.

a)

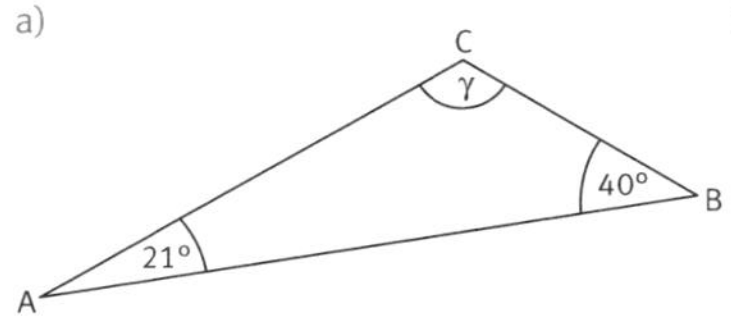

$\gamma =$ *180° – 21° – 40°* = *119°*

b)

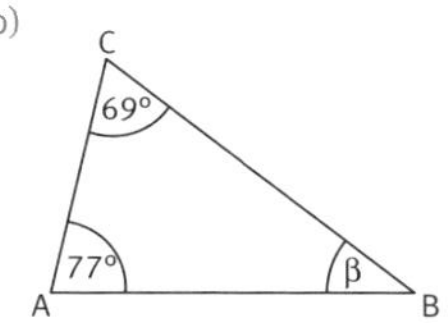

$\beta =$ *180°–69°–77° = 34°*

c)

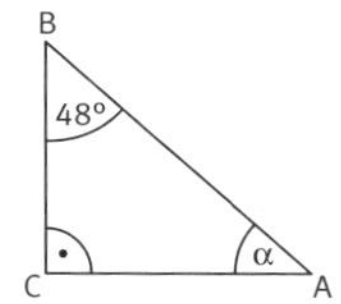

$\alpha =$ *180°–90°–48° = 42°*

2 Die Tabelle zeigt die Innenwinkelmaße für Dreiecke ABC. Vervollständige.

Winkel	a)	b)	c)	d)	e)	f)
α	55°	37°	*66°*	117°	60°	88°
β	65°	*66°*	57°	23°	60°	β = γ
γ	*60°*	77°	57°	*40°*	*60°*	*46°*

3 Zeichne ein Beispiel oder begründe, warum es eine solche Figur nicht geben kann.

a) Kann es ein Dreieck geben mit ...

① zwei rechten Winkeln?

Nein, denn der dritte Winkel hätte sonst 0°.

② drei spitzen Winkeln?

Ja, z. B. ein gleichseitiges Dreieck mit drei 60°-Winkeln.

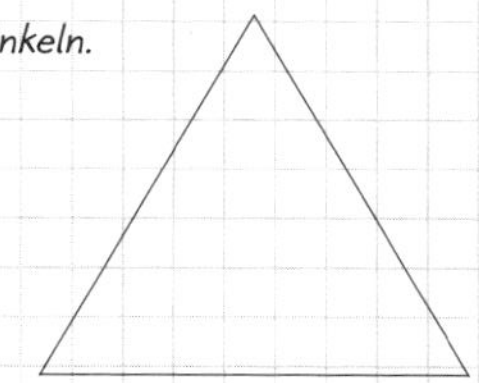

4 In einem gleichschenkligen Dreieck sind Winkel vorgegeben. Schreibe je zwei Möglichkeiten für die beiden anderen Winkel auf. Einmal gibt es nur eine Möglichkeit. Versuche eine Regel zu formulieren.

α = 74°	β = *74°; γ = 32°*	γ = *74°; β = 32°*
α = 46°	*β = 46°; γ = 88°*	*γ = 46°; β = 88°*
α = 130°	*β = 25°; γ = 25°*	*–*

5 Berechne die Winkelsumme in Vielecken. Zerlege dazu die Vielecke und fülle die Tabelle aus.

	3-Eck	4-Eck	5-Eck	6-Eck	7-Eck	8-Eck	12-Eck
	3-Eck	4-Eck	5-Eck	6-Eck	7-Eck	8-Eck	12-Eck
zerlegt in	1 △	2 △	3 △	*4* △	*5* △	*6* △	*10* △
	1 · 180°	2 · 180°	*3 · 180°*	*4 · 180°*	*5 · 180°*	*6 · 180°*	*10 · 180°*
Winkelsumme	180°	360°	*540°*	*720°*	*900°*	*1 080°*	*1 800°*

Winkel an Geradenkreuzungen und parallelen Geraden bestimmen

1 Bestimme die fehlenden Winkelmaße (die Zeichnungen sind nicht maßstäblich).

a)

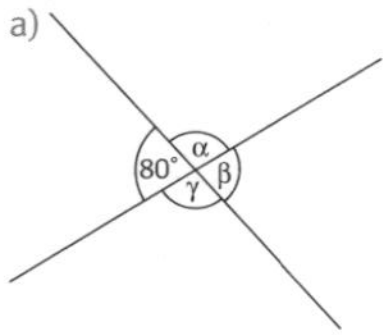

α = *100°*

β = *80°*

γ = *100°*

b)

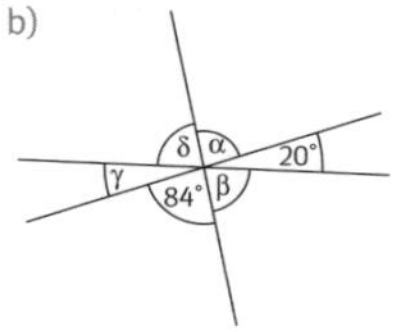

α = *84°*

β = *76°*

γ = *20°*

δ = *76°*

c)

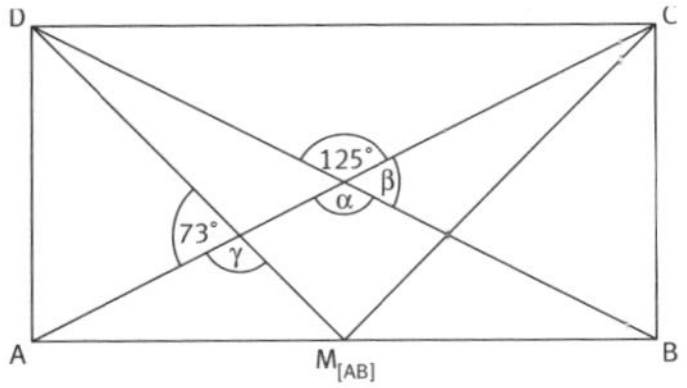

α = *125°*

β = *65°*

γ = *107°*

2 Welche Aussagen treffen für die nebenstehende Zeichnung zu? Kreuze an.

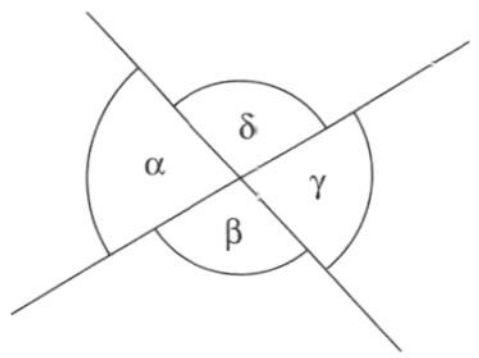

- ☒ β und δ bzw. α und γ sind immer gleich groß.
- ☒ Es können nie alle vier Winkel maßgleich sein.
- ☒ Wenn α = 90° ist, dann sind alle Winkel gleich groß.
- ☒ Nebenwinkel ergänzen sich zu 180°.
- ☐ Wenn γ = 80° ist, dann ist δ doppelt so groß wie γ.
- ☒ Ist α = 60°, dann ist β doppelt so groß wie α.
- ☒ Gegenüberliegende Winkel sind maßgleich und heißen Scheitelwinkel.

3 Bestimme die fehlenden Winkelmaße.

a)

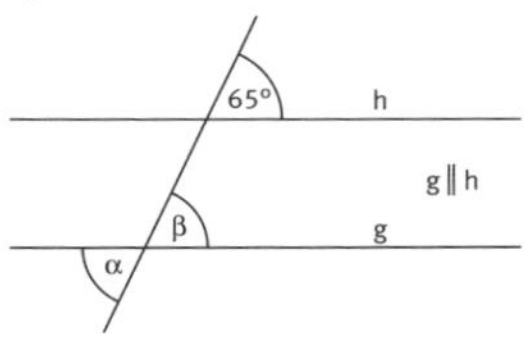

α = *65°*

β = *65°*

b)

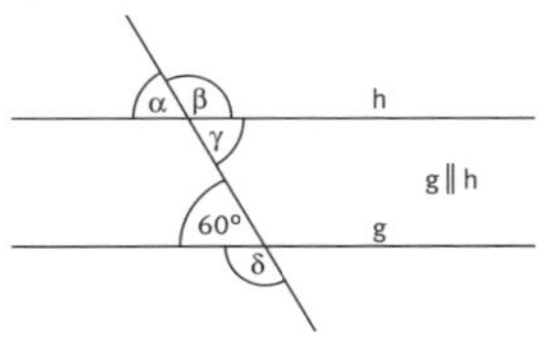

α = *60°*

β = *120°*

γ = *60°* δ = *120°*

c)

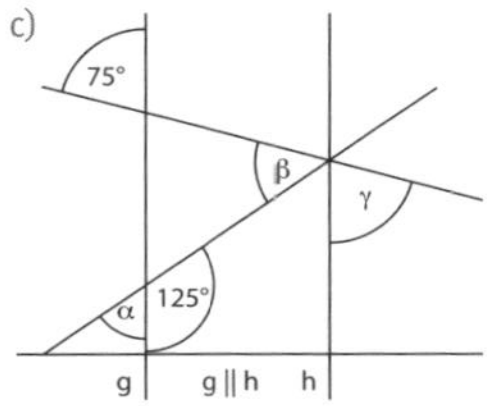

α = *55°*

β = *50°*

γ = *75°*

4 Untersuche die Flaggen auf Neben- und Scheitelwinkel. Verlängere dafür die entsprechenden Schenkel.

Lösungsmöglichkeit

a)

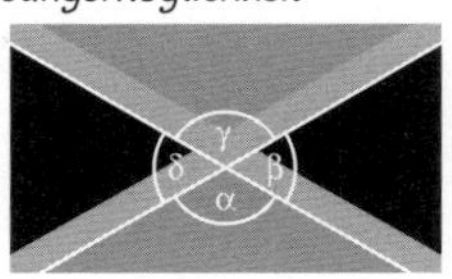

α = 118° *β = 62°*

γ = 118° *δ = 62°*

b)

α = 108° *β = 72°*

γ = 108° *δ = 72°*

c)

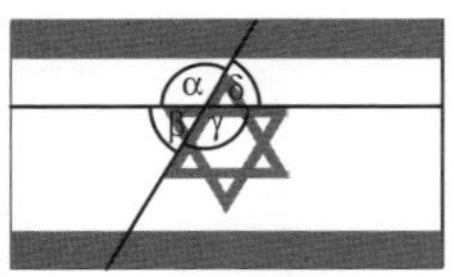

α = 120° *β = 60°*

γ = 120° *δ = 60°*

Besondere Linien im Dreieck konstruieren

1 Dreiecke können ihre Position ändern. Trotzdem bleibt die Benennung der Ecken (gegen den Uhrzeigersinn), der Seiten (der jeweiligen Ecke gegenüber) und der Winkel gleich. Beschrifte richtig.
Zeichne in jedes Dreieck die angegebene Höhe h ein und miss ihre Länge.

a)

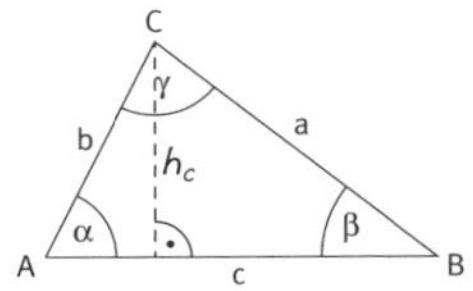

h_c = *2,2 cm*

b)

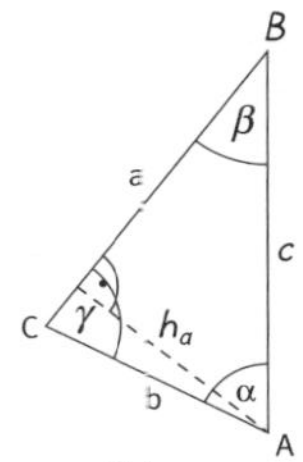

h_a = *2,4 cm*

c)

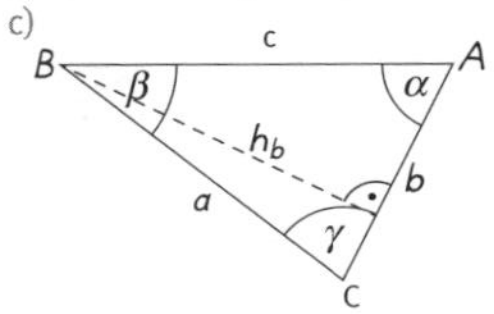

h_b = *3,4 cm*

d)

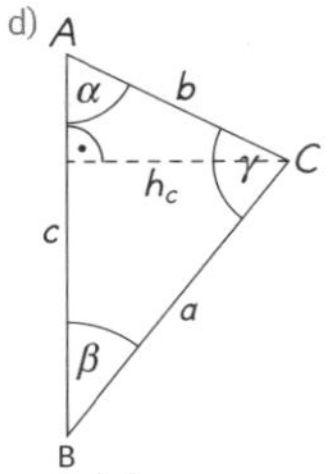

h_c = *2,2 cm*

2 Ergänze die Konstruktionsbeschreibung einer Mittelsenkrechten.

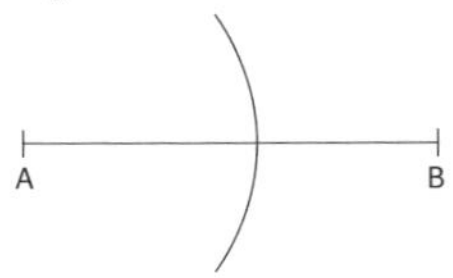

(1) Kreisbogen um A ($r > \frac{1}{2}$AB)

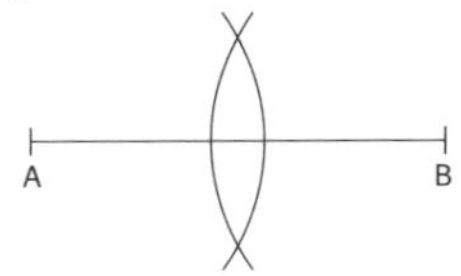

(2) *Kreisbogen um B (gleicher r)*

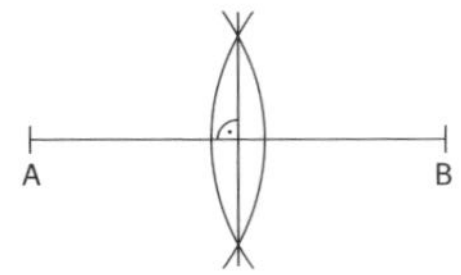

(3) *Schnittpunkte verbinden*

3 Zeichne die Dreiecke ABC mit A (1|1), B (13|1), C (3|6) und DEF mit D (9|3,5), E (15|2,5), F (12|7,5) in das Koordinatensystem.

a) Konstruiere im Dreieck ABC die Mittelsenkrechten und im Dreieck DEF die Seitenhalbierenden.

b) Wenn du sorgfältig gearbeitet hast, schneiden sich die Mittelsenkrechten und die Seitenhalbierenden in je einem Punkt M und S. Gib die Koordinaten an.

M (*7* | *1,5*) S (*12* | *4,5*)

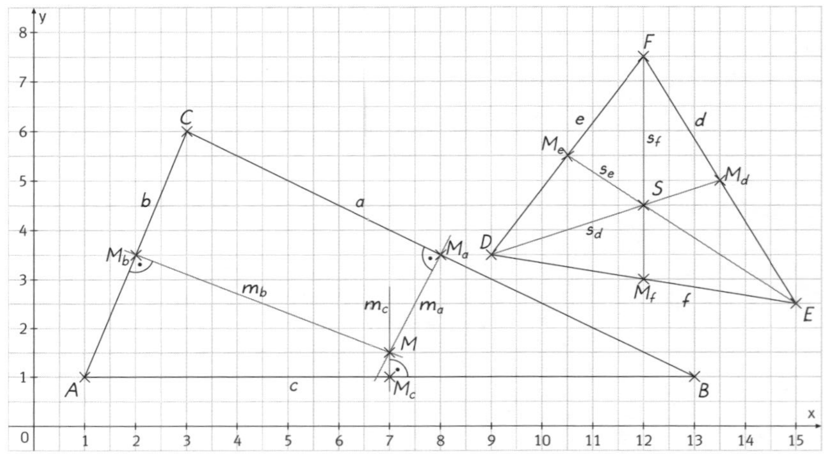

1 Vervollständige die Konstruktionen.

a) a = 2,5 cm; b = 4,5 cm; c = 5,5 cm
Planfigur (SSS) und Zeichnung:

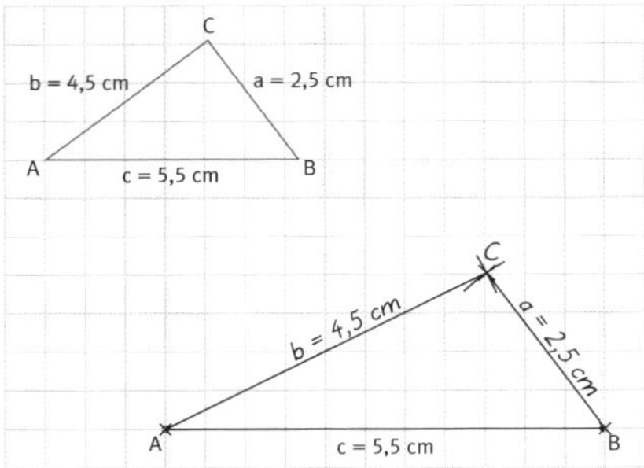

Beschreibung:
1. Zeichne die Seite c mit den Eckpunkten A und B.
2. Zeichne einen Kreis um A mit dem Radius b = 4,5 cm
3. Zeichne einen Kreis um B mit dem Radius a = 2,5 cm
4. Die Kreise schneiden sich in C. Verbinde die Punkte zum Dreieck ABC.

b) α = 90°; γ = 40°; b = 3,5 cm
Planfigur (WSW) und Zeichnung:

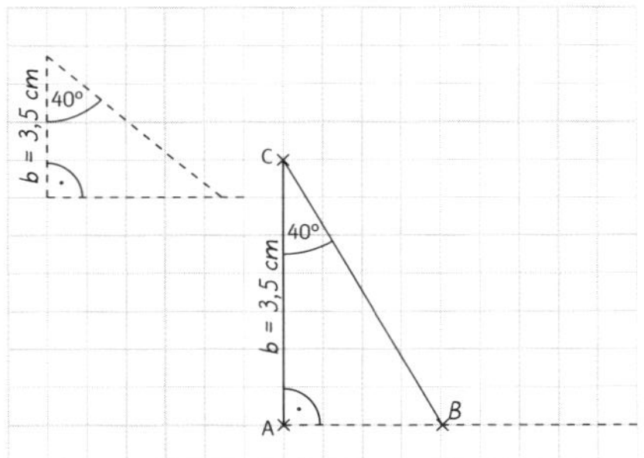

Beschreibung:
1. Zeichne die Seite b mit den Eckpunkten A und C.
2. Trage in A den Winkel α = 90° ein.
3. Trage in C den Winkel γ = 40° ein.
4. Der Schnittpunkt des freien Schenkel von α und γ ergibt B.

c) c = 4,5 cm; a = 6 cm; β = 50°
Planfigur (SWS) und Zeichnung:

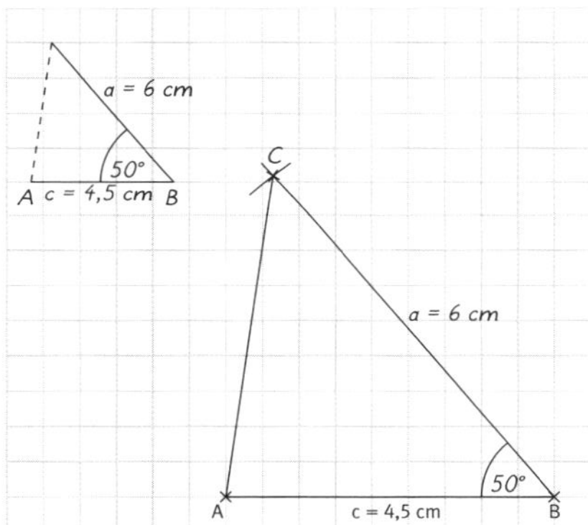

Beschreibung:
1. Zeichne die Seite c mit den Eckpunkten A und B.
2. Trage in B den Winkel β = 50° ein.
3. Zeichne einen Kreis um B mit dem Radius a = 6 cm.
4. Der Schnittpunkt des freien Schenkels von β und dem Kreis ergibt C.

1 Welche Angaben fehlen noch, um Dreiecke konstruieren zu können?

a) c, β (a oder α) b) α, c (b oder β) c) a, b (c oder γ)
d) c, b (a oder α) e) a, γ (b oder β) f) β, γ (a)

2 Konstruiere die Dreiecke. Kennzeichne zuerst die gegebenen Stücke in der Planfigur.

a) a = 6,2 cm
b = 5,8 cm
c = 7 cm
Planfigur:

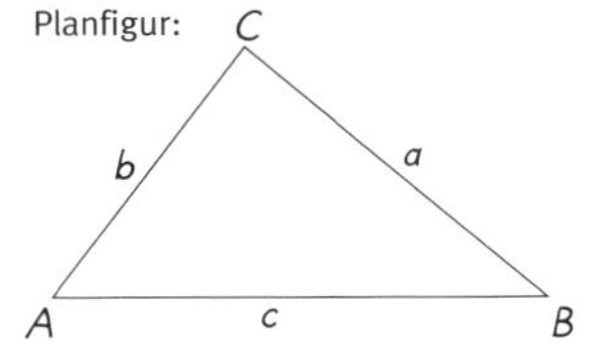

Kongruenzsatz: SSS

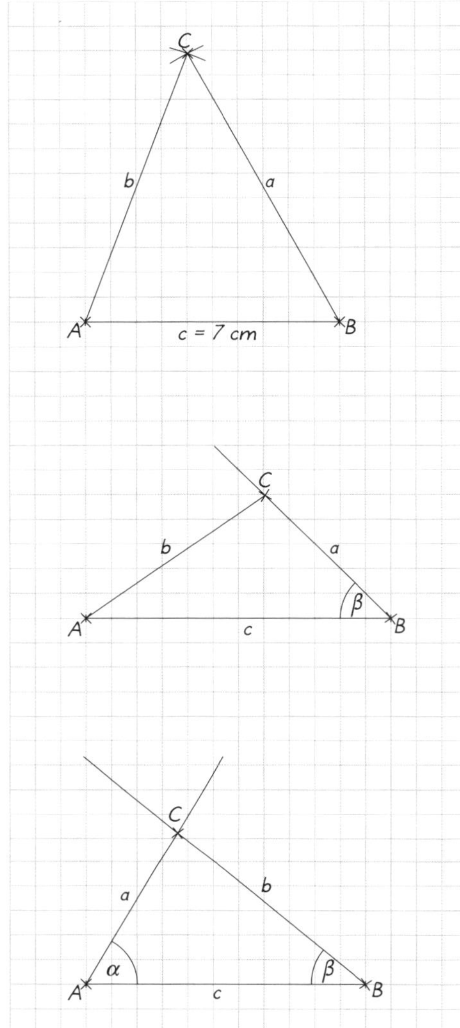

b) a = 3,5 cm
c = 6 cm
β = 45°
Planfigur:

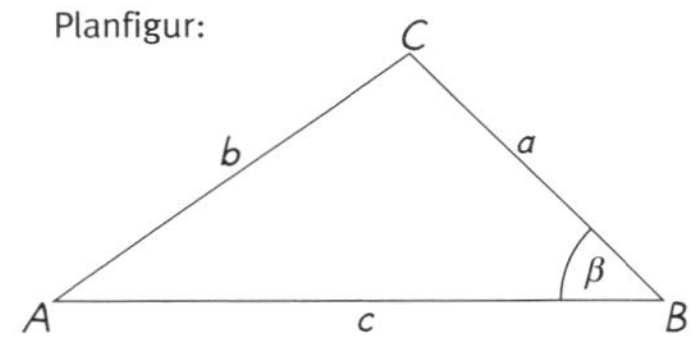

Kongruenzsatz: SWS

c) α = 60°
β = 40°
c = 5,5 cm
Planfigur:

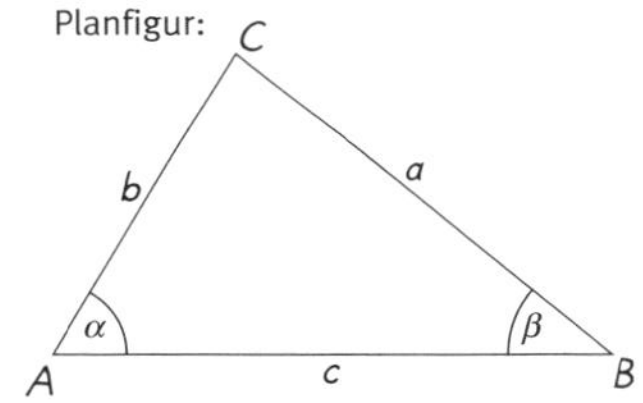

Kongruenzsatz: WSW

1 Damit eine Arbeitsleiter sicher steht, muss der Abstand vom unteren Ende der Leiter bis zur Wand mindestens 2 m betragen. Der Maurer möchte mit dem höchsten Punkt seiner Leiter auf 4,5 m gelangen.
a) Ermittle zeichnerisch: reicht eine Leiter mit 5 m Länge? Wähle einen geeigneten Maßstab.
b) Lies aus der Zeichnung den Anstellwinkel α ab.

Maßstab 1:1000
2 m ≙ 2 cm
4,5 m ≙ 4,5 cm
Eine Leiter der Länge 5 m reicht.
Anstellwinkel α = 66°

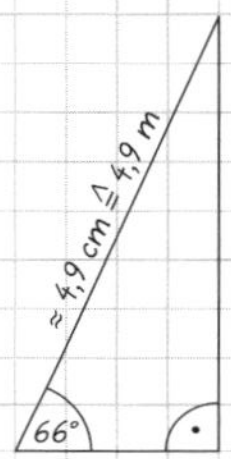

2 Bestimme im Maßstab 1 : 500 zeichnerisch den Einfallswinkel der Sonnenstrahlen.

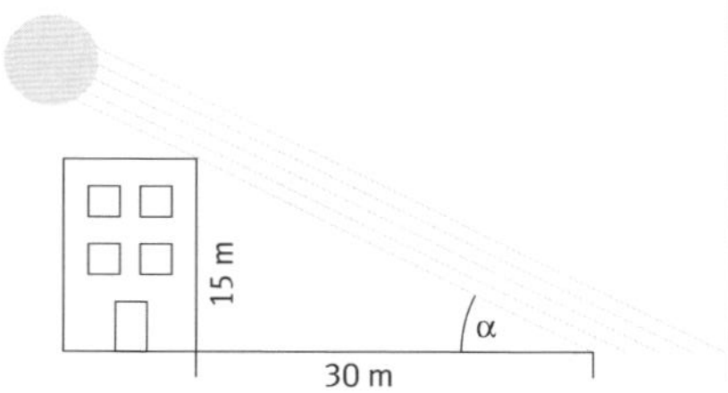

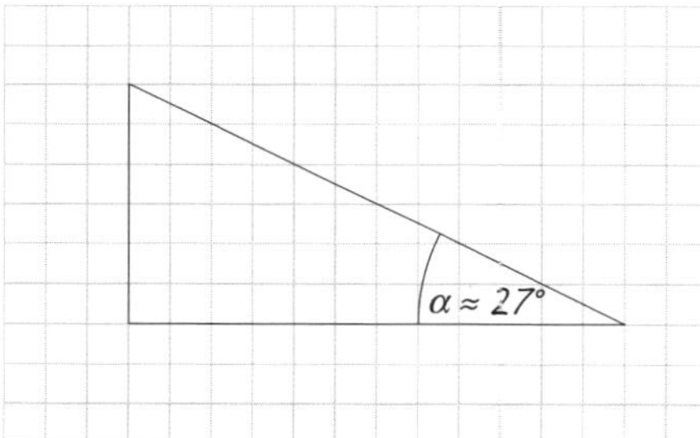

3 Konstruiere die Dreiecke. Es gibt jeweils zwei Möglichkeiten.
a) Ein Dreieck ist gleichschenklig und rechtwinklig. Eine Seite ist 3,5 cm lang.
b) Die Basis ist 4 cm lang. Ein Winkel beträgt 70°.

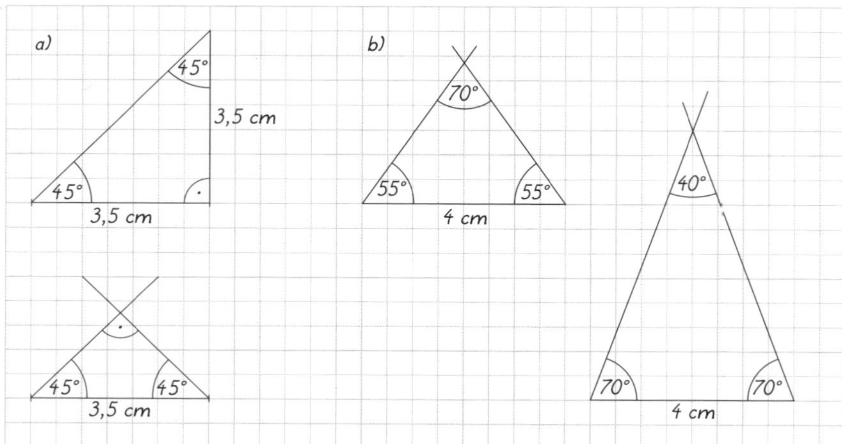

1 Ordne jedem Text einen Rechenausdruck zu.

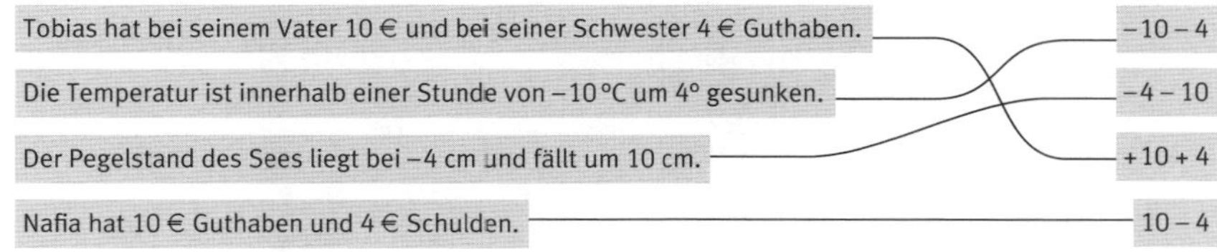

2

Weltwetter		
Athen	Schauer	15 °C
Tokio	heiter	9 °C
Paris	heiter	5 °C
Rom	Gewitter	10 °C
London	heiter	−2 °C
Moskau	bedeckt	−11 °C
New York	Schnee	−6 °C
Prag	heiter	−1 °C
Berlin	heiter	−3 °C

a) Welche Aussagen sind wahr (w), welche falsch (f)?
- [*f*] In New York ist es um 18 °C kälter als in Rom.
- [*w*] In Paris ist es um 6 °C wärmer als in Prag.
- [*f*] Der Temperaturunterschied zwischen Moskau und Berlin beträgt 14 °C.
- [*w*] Der Temperaturunterschied zwischen London und Tokio beträgt 11 °C.

b) Verbessere falsche Aussagen.

In New York ist es 16 °C kälter als in Rom.

Der Temperaturunterschied zwischen Moskau und Berlin beträgt 8 °C.

3 Das Diagramm zeigt die durchschnittlichen Monatstemperaturen von München und der Zugspitze.
a) Ordne den Graphen München und Zugspitze zu.

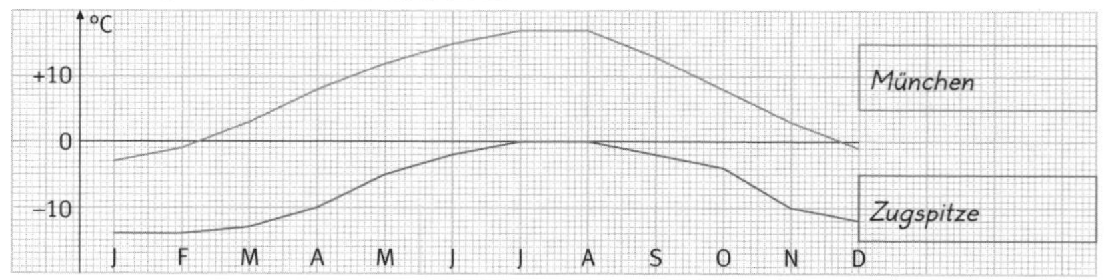

b) Notiere für alle Monate den jeweiligen Unterschied.

Jan.: *11 °C* Febr.: *13 °C* März: *16 °C* April: *18 °C* Mai: *17 °C* Juni: *17 °C*

Juli: *17 °C* Aug.: *17 °C* Sept.: *15 °C* Okt.: *12 °C* Nov.: *13 °C* Dez.: *11 °C*

4 Zeichne den Graphen für die durchschnittlichen Monatstemperaturen in Berlin.

Jan.: −4 °C	Febr.: −3 °C
März: −1 °C	April: 3 °C
Mai: 7 °C	Juni: 11 °C
Juli: 12 °C	Aug.: 12 °C
Sept.: 9 °C	Okt.: 5 °C
Nov.: 1 °C	Dez.: −2 °C

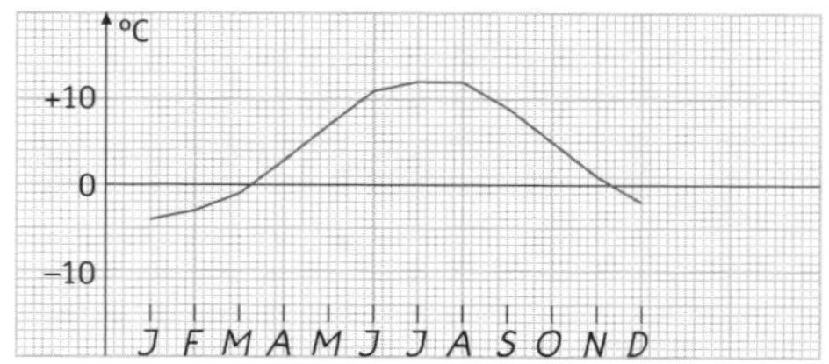

1 a) Auf welche Zahl zeigt der Pfeil?

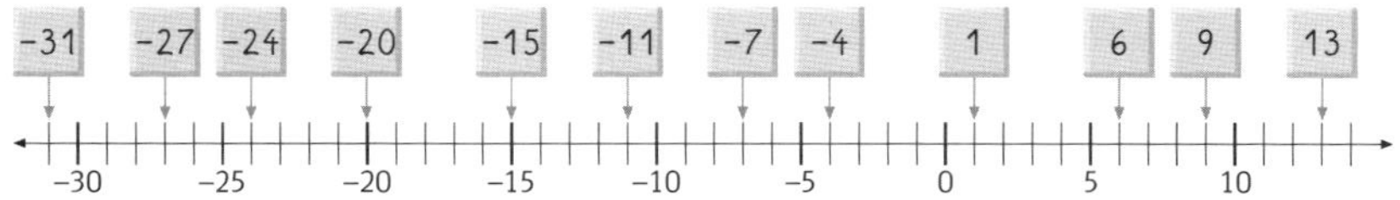

b) Verbinde die Zahlen mit der richtigen Stelle auf der Zahlengeraden.

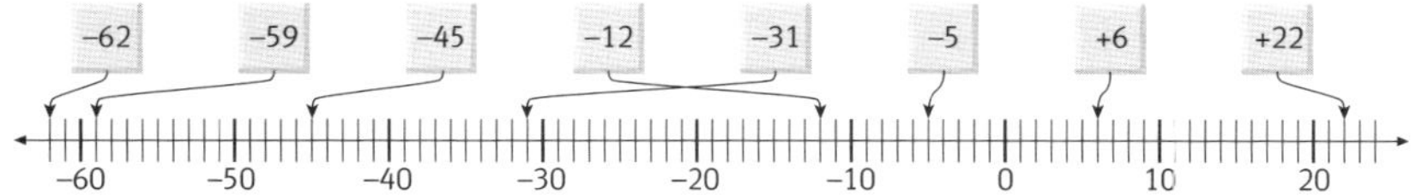

2 Ordne die Dezimalzahlen zu, indem du sie mit der richtigen Stelle auf der Zahlengeraden verbindest.

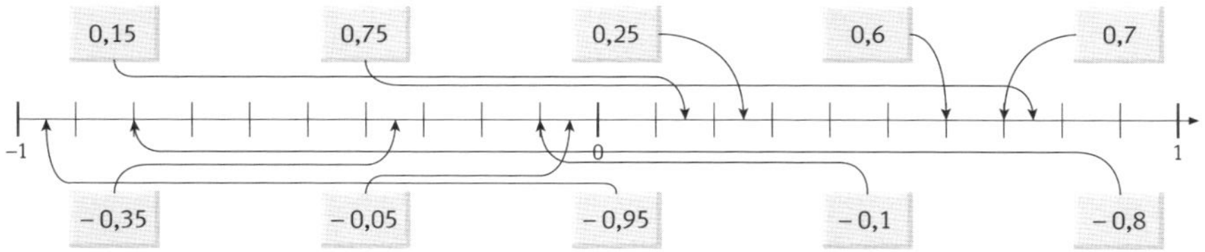

3 Welche Dezimalzahlen sind markiert?

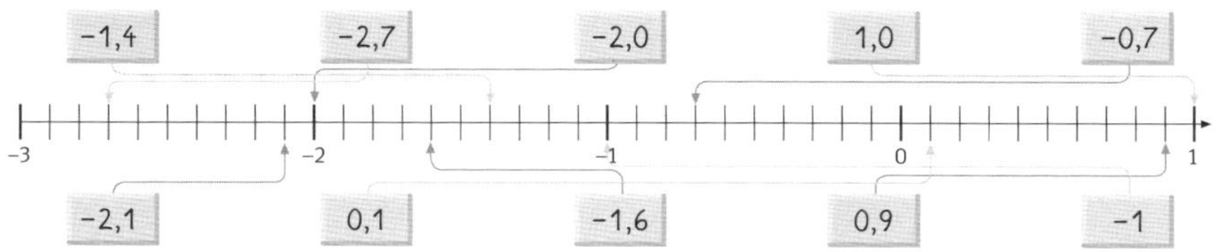

4 Ordne die folgenden Brüche der Zahlengerade zu.

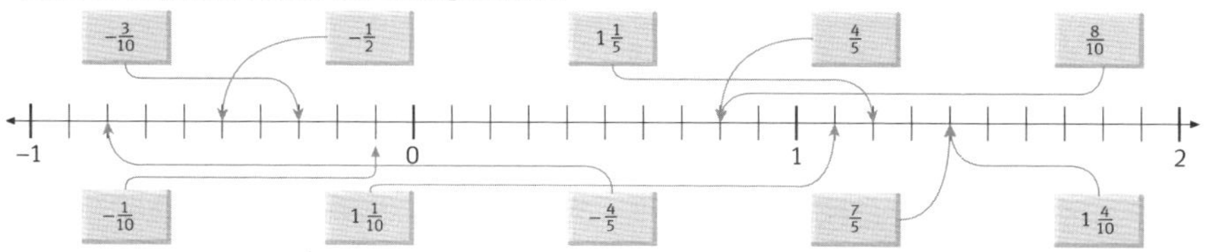

5 Susanne hat einige Zahlen falsch abgelesen. Finde diese und schreibe sie richtig darunter.

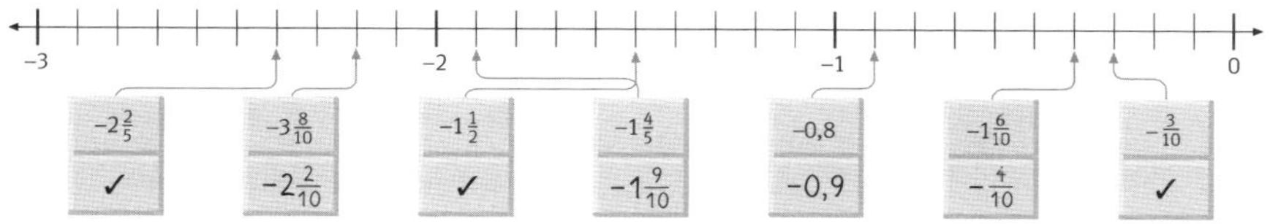

1 Notiere mit dem entsprechenden Vorzeichen.

a) 15 °C über Null: *+15 °C* b) 6 °C unter Null: *−6 °C* c) 21 °C unter Null: *−21 °C*

d) 9 °C unter Null: *−9 °C* e) 29 °C über Null: *+29 °C* f) 1 °C unter Null: *−1 °C*

2 Kreise die niedrigere Temperatur ein.

a) 17 °C oder (14 °C) b) 5 °C oder (−6 °C) c) (−3 °C) oder 3 °C d) −4 °C oder (−10 °C)

e) (−21 °C) oder −2 °C f) 17 °C oder (−17 °C) g) 0 °C oder (−3 °C) h) −5 °C oder (−6 °C)

i) (1,1 °C) oder 1,7 °C j) (−2,5 °C) oder 2,5 °C k) −1,8 °C oder (−2,1 °C) l) −4,5 °C oder (−4,51 °C)

3 Ordne die Zahlen der Größe nach.

a) Beginne mit der kleinsten Zahl:

−3 4 −9 −6 7 6 −1 — *−9 < −6 < −3 < −1 < 4 < 6 < 7*

35 −22 −35 −76 0 −62 — *−76 < −62 < −35 < −22 < 0 < 35*

−1,5 2,8 0 −3,4 0,5 −0,7 — *−3,4 < −1,5 < −0,7 < 0 < 0,5 < 2,8*

b) Beginne mit der größten Zahl:

−12 −9 6 3 −6 1 −2 — *6 > 3 > 1 > −2 > −6 > −9 > −12*

28 −19 −11 51 −34 −44 — *51 > 28 > −11 > −19 > −34 > −44*

4,6 −3,7 −1,4 0,6 −0,1 2,8 — *4,6 > 2,8 > 0,6 > −0,1 > −1,4 > −3,7*

4 Vergleiche (> oder <) und notiere alle ganzen Zahlen, die dazwischen liegen.

a) −2 *<* 3 *−1; 0; 1; 2* b) −2 *>* −8 *−3; −4; −5; −6; −7*

c) 0 *>* −5 *−1; −2; −3; −4* d) −11 *>* −16 *−12; −13; −14; −15*

5 Setze die Zahlenfolge um sechs weitere Zahlen fort.

a) +14 ▸ +8 ▸ +2 ▸ −4 ▸ *−10* ▸ *−16* ▸ *−22* ▸ *−28* ▸ *−34* ▸ *−40*

b) −29 ▸ −24 ▸ −19 ▸ −14 ▸ *−9* ▸ *−4* ▸ *1* ▸ *6* ▸ *11* ▸ *16*

c) +10 ▸ +9 ▸ +7 ▸ +4 ▸ *0* ▸ *−5* ▸ *−11* ▸ *−18* ▸ *−26* ▸ *−35*

d) 2,5 ▸ 2 ▸ 1,5 ▸ 1 ▸ *0,5* ▸ *0* ▸ *−0,5* ▸ *−1,0* ▸ *−1,5* ▸ *−2,0*

6 Fülle die Tabellen aus.

a)

Vorgänger	*−20*	+4	*−1*
Zahl	−19	*+5*	*0*
Nachfolger	*−18*	*+6*	+1

b)

Zahl	−8	+2,5	$-\frac{1}{2}$
Gegenzahl	*8*	*−2,5*	$\frac{1}{2}$
Betrag	*8*	*2,5*	$\frac{1}{2}$

7 Notiere mindestens eine Zahl, die zwischen den beiden angegebenen liegt.

a) 0,25 und 3 — *0,26; 0,27*

b) −0,75 und $-\frac{1}{2}$ — *−0,6; −0,7*

c) $-\frac{3}{7}$ und $\frac{2}{7}$ — $-\frac{2}{7}; -\frac{1}{7}$

d) $\frac{1}{5}$ und $\frac{2}{5}$ — $\frac{3}{10} = 0,3$

1 Im Koordinatensystem siehst du ein halbes Mondgesicht.
a) Spiegle das Gesicht an der y-Achse.
b) Bestimme die Koordinaten der Bildpunkte.

A' (−0,5 | 0,5) B' (−2,5 | 1)
C' (−2,5 | 1,5) D' (0 | −0,5)
E' (−1,5 | −2) F' (0 | −2)
G' (0 | −4) H' (−1,5 | −4)
I' (−2,5 | −3) J' (−1,5 | −3,5)
K' (0 | −3,5) L' (0 | −5)
M' (0 | −1) N' (0 | 3)

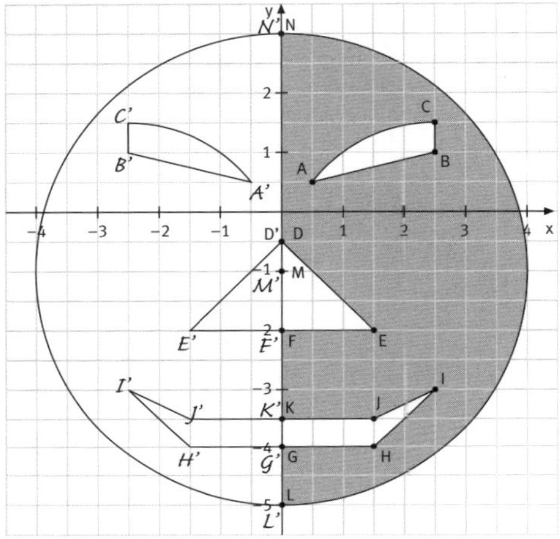

2 Entscheide, in welchem Quadranten bzw. auf welcher Achse die Punkte jeweils liegen. Markiere den zugehörigen Lösungsbuchstaben. Dann erhältst du Zeile für Zeile gelesen ein Lösungswort.

	P (−2|3,5)	Q (−0,2|0)	R (1,7|−3)	S (−8|14)	T (2,5|1,1)	U (−7|1,3)	V (0|−5,1)	W (1,1|−7)	X (1,8|9)	Y (−8|−9)
I. Quadrant	T	O	M	P	(S)	A	Y	P	(O)	T
II. Quadrant	(M)	L	I	(M)	N	(E)	D	O	U	B
III. Quadrant	S	A	L	B	E	I	G	E	L	(R)
IV. Quadrant	C	H	(F)	L	O	E	U	(E)	A	V
x-Achse	K	(S)	R	G	I	J	Q	R	P	S
y-Achse	M	A	N	U	H	K	(T)	E	L	A

Lösungswort: SOMMERFEST

3 Zeichne die Punkte in das Koordinatensystem ein und verbinde sie in alphabetischer Reihenfolge. Kehre anschließend zu A zurück.

A (−4|2) B (−3,3|3) C (−2|4) D (1|3,8) E (3|2,3) F (4|2) G (5,2|4) H (4,9|1,4) I (5,5|−1) J (4|0,5) K (2,1|−0,6) L (−1|−0,7) M (−3|0) N (−3,9|0,8) O (−4,3|1,3)

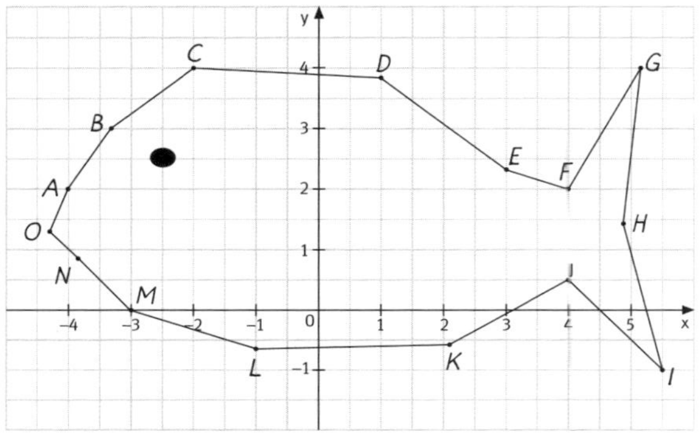

1 Notiere zu jedem Pfeilschema den Rechenplan und berechne.

a) 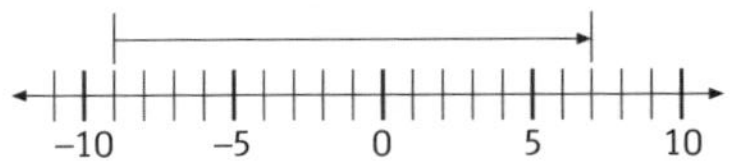
−9 + 16 = 7

b) 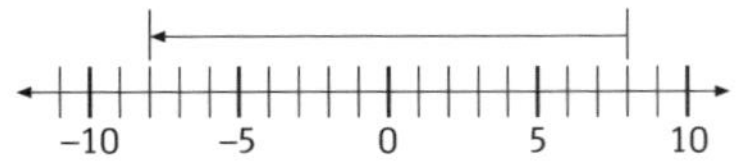
8 − 16 = −8

c) 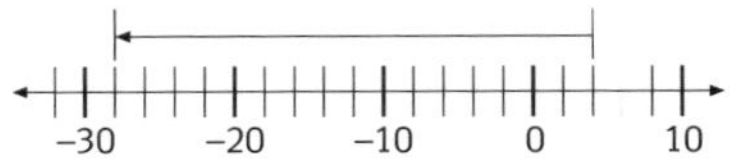
4 − 32 = −28

d) 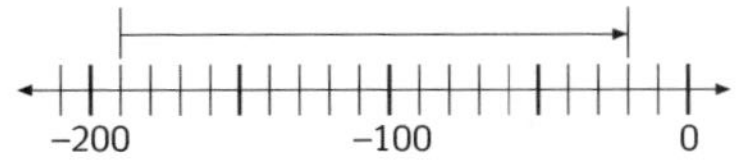
−190 + 170 = −20

2 Zeichne die Rechenpläne als Pfeil an die Zahlengerade und berechne.

a) −12 + 17 = 5
b) 4 − 23 = −19
c) 20 − 50 = −30

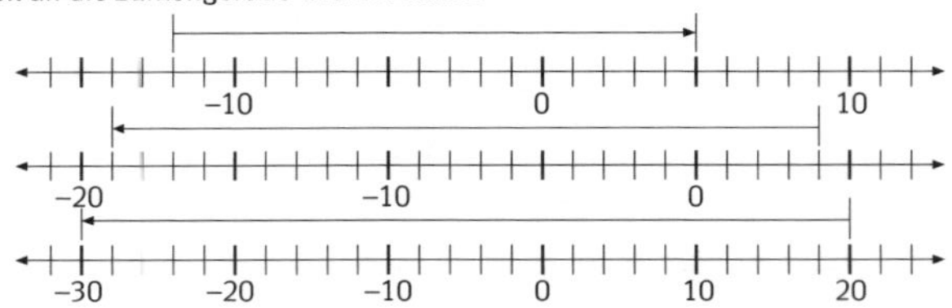

3 Ordne jeder Aufgabe die vereinfachte Aufgabe zu und berechne.

a)
(+8) + (+12) — 8 + 12 = 20
(+8) + (−12) — 8 − 12 = (−4)
(+8) − (+12) — 8 − 12 = (−4)
(+8) − (−12) — 8 + 12 = 20

b)
(−8) + (+12) — −8 + 12 = 4
(−8) + (−12) — −8 − 12 = (−20)
(−8) − (+12) — −8 − 12 = (−20)
(−8) − (−12) — −8 + 12 = 4

4 Notiere ohne Klammern und berechne.

a) 3,8 + (+1,3) = 3,8 + 1,3 = 5,1
b) (−5,2) + (+4,1) = −5,2 + 4,1 = −1,1
c) 8,7 + (−9,6) = 8,7 − 9,6 = −0,9
d) −2,5 + (−3,6) = −2,5 − 3,6 = −6,1
e) 15,1 − (+12,1) = 15,1 − 12,1 = 3
f) (−3,5) − (−6,3) = −3,5 + 6,3 = 2,8
g) 9,6 − (+3,8) = 9,6 − 3,8 = 5,8
h) (−4,7) − (+4,7) = −4,7 − 4,7 = −9,4

5 Berechne.

a) 19 − 5 = 14
b) −7 − 8 = −15
c) −16 + 18 = 2
d) −8 + 16 = 8
e) 100 − 36 = 14
f) 64 − 53 = 11
g) 4,5 − 8,5 = −4
h) −3 + 0,7 = −2,3
i) 6,3 − 7 = −0,7

1 Ergänze die fehlenden Zahlen.

a) 10 → −7 → 3 → −5 → −2 → +3 → 1 → −9 → −8

b) −5 → −8 → −13 → +15 → 2 → −23 → −21 → +30 → 9

c) 22 → −18 → 4 → −9 → −5 → +7 → 2 → −16 → −14

2 Ergänze.

a) 18 − 12 − 7 = −1
b) 24 − 25 − 2 = −3
c) −23 + 15 + 17 = 9
d) −20 + 44 − 12 = 12
e) 11 + 29 − 80 = −40
f) 41 − 32 − 4 − 5 = 0
g) −20 + 67 − −3 = 50
h) −55 + 19 + 34 = −2
i) −15 + 90 + 25 = 100

3 Ergänze die Zahlenmauern. Benachbarte Zahlen werden addiert.

a)
7
4 | 3
−1 | 5 | −2

b)
−3,4
−2,2 | −1,2
−3,8 | +1,6 | −2,8

c)
−2
−1 | −1
$-\frac{1}{2}$ | $-\frac{1}{2}$ | $-\frac{1}{2}$

e)
−2700
−900 | −1800
−300 | −600 | −1200
−100 | −200 | −400 | −800

f)
999
111 | 888
222 | −111 | 999
666 | −444 | 333 | 666

4 Ergänze die Tabelle.

a)

alter Kontostand	Buchung	neuer Kontostand
365 €	−480 €	−115 €
−230 €	+620 €	390 €
−105 €	−345 €	−450 €
−425 €	+175 €	−250 €

b)

alter Kontostand	Buchung	neuer Kontostand
+783,50 €	−800,20 €	−16,70 €
−222,70 €	−500 €	−722,70 €
+1385,00 €	−385,00 €	+1 000,00 €
+725,50 €	−175,50 €	−550,00 €

5 Welche Zahl wurde addiert oder subtrahiert? Achte auf die Pfeilrichtung.

a)
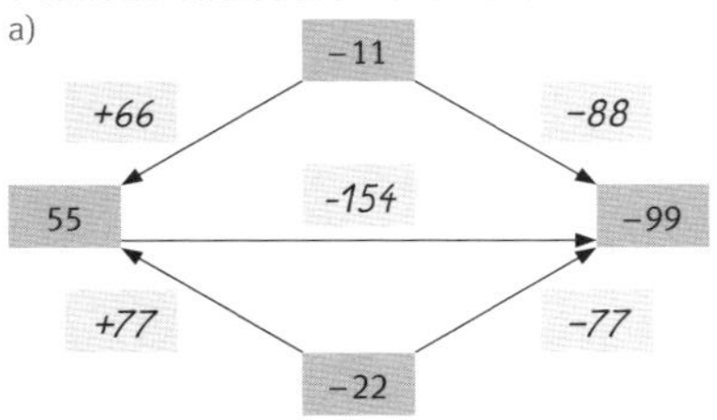

b)
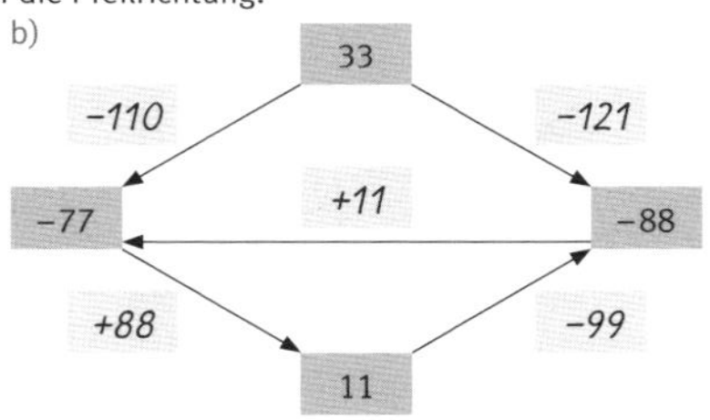

1 Berechne.

a) 3 · 15 = 45
b) −8 · (−8) = 64
c) −7 · 6 = −42
d) 4 · 18 = 72
e) 9 · (−12) = −108
f) −8 · (−25) = 200
g) 81 : (−9) = −9
h) −72 : 8 = −9
i) −48 : (−12) = 4
j) 144 : (−12) = −12
k) −225 : (−25) = 9
l) −121 : 11 = −11

2 Überschlage und trage eines der vier Auswahlergebnisse als Lösung ein.

3,1 | −3,1 | −20,9 | 20,9

a) (−22) · 0,95 ≈ −22
(−22) · 0,95 = −20,9
b) (−79,42) : (−3,8) ≈ 20
(−79,42) : (−3,8) = 20,9
c) (−12,4) : 4 ≈ −3
(−12,4) : 4 = −3,1
d) (−8,37) : (−2,7) ≈ 3
(−8,37) : (−2,7) = 3,1

3 Notiere auf verschiedene Arten als Produkt mit zwei Faktoren.

a) +40 = 5 · 8
+40 = (−5) · (−8)
b) −72 = 9 · (−8)
−72 = (−6) · 12
c) −121 = 11 · (−11)
−121 = (−11) · 11
d) +55 = (−5) · (−11)
+55 = 5 · 11
e) +84 = (−2) · (−42)
+84 = (−6) · (−14)
f) −169 = (−13) · 13
−169 = 13 · (−13)

4 Setze fehlende Zahlen oder Vorzeichen ein.

a) (+ 6) · (−9) = −54
b) (−128) : (+ 32) = (− 4)
c) (−8) · (− 12) = (+ 96)
d) (−13) · (−13) = 169
e) (+15) · (−15) = −225
f) (−256) : (−16) = 16
g) −9 · $\frac{1}{3}$ = −3
h) $-\frac{1}{5}$ · $\frac{1}{5}$ = $-\frac{1}{25}$
i) −5 · $\frac{4}{5}$ = −4

5

a)

1. Faktor \ 2. Faktor	13	−20	−16
−12	−156	240	192
−15	−195	300	240
−100	−1300	2000	1600

b)

Dividend \ Divisor	−2	−12	24
−144	72	12	−6
72	−36	−6	3
1200	−600	−100	50

c)

1. Faktor \ 2. Faktor	−0,5	5	−4
−10	5	−50	40
+5,4	−2,7	27	−21,6
−20	10	−100	80

d)

Dividend \ Divisor	−0,6	0,8	−0,1
−1,2	2	−1,5	12
−4,8	8	−6	48
+9,6	−16	12	−96

6 Setze die Zahlenreihen fort.

a) 3 ▸ −6 ▸ 12 ▸ −24 ▸ 48 ▸ −96 ▸ 192 ▸ −384 ▸ 768 ▸ −1536

b) 2 ▸ −2 ▸ 4 ▸ −12 ▸ 48 ▸ −240 ▸ 1440 ▸ −10080 ▸ 80640 ▸ −725760

c) 243 ▸ 81 ▸ 27 ▸ 9 ▸ 3 ▸ 1 ▸ $\frac{1}{3}$ ▸ $\frac{1}{9}$ ▸ $\frac{1}{27}$ ▸ $\frac{1}{81}$

1 Berechne schrittweise, unterstreiche zuerst die Punktrechnung.

a) 4 · (–5) + 6 · (–3) = *–20 – 18* = *–38*

b) –8 · (–6) + 9 · 7 = *48 + 63* = *111*

c) 12 · 3 – 11 · (–5) = *36 + 55* = *91*

d) 20 : 4 – 15 : 5 = *5 – 3* = *2*

e) 50 – 3 · 6 + 20 : 4 = *50 – 18 + 5* = *37*

f) 5,6 · (–10) + (–3,5) · (–4) = *–56 + 14* = *–42*

2 Berechne schrittweise, unterstreiche zuerst die Klammer.

a) 4 · (–13 – 12) = *4 · (–25)* = *–100*

b) (5 – 8) · (–4) = *–3 · (–4)* = *12*

c) (41 – 20) : (–7) = *21 : (–7)* = *–3*

d) (–4,7 – 5,2) · (4,1 – 2,8) = *–9,9 · 1,3* = *–12,87*

e) (32 – 38) + 6 · (–7) + 55 = *–6 – 42 + 55* = *7*

3 Notiere jeweils eine Aufgabe und berechne.

a)

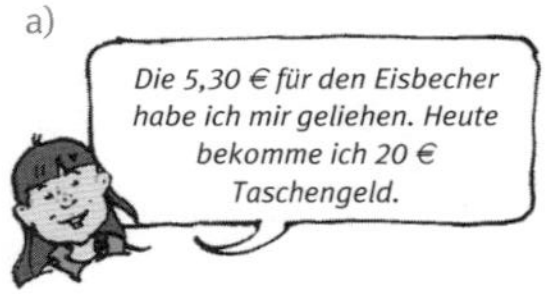

–5,30 € + 20 €

= 14,70 €

b)

–13,50 € – 12,30 €

= –25,80 €

c)

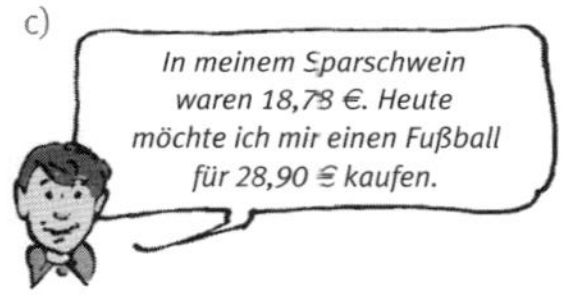

18,78 € – 28,90 €

= –10,12 €

4 Schreibe zu jedem Text eine Aufgabe und notiere das Ergebnis.

Text	Aufgabe	Ergebnis
Multipliziere die Summe aus –12 und 8 mit 5.	*(–12 + 8) · 5*	*–20*
Vermehre das Produkt aus –8 und –4 um 24.	*(–8) · (–4) + 24*	*56*
Subtrahiere vom Quotienten aus 99 und 11 die Zahl 10.	*99 : 11 – 10*	*–1*

5 Stelle mit den blauen Karten Aufgaben zusammen, die in die Tabelle passen. Dabei dürfen die Karten + und – nur als Vorzeichen, die Karten · und : nur als Rechenzeichen verwendet werden. Es müssen nicht alle Karten verwendet werden, Vorzeichen dürfen auch mehrmals eingesetzt werden.

7,2 4,5 + – · :

	Ergebnis positiv	Ergebnis negativ
Aufgabe	*z.B. 7,2 · 4,5; (–7,2) · (–4,5)*	*z.B. (–7,2) : 4,5; 7,2 : (–4,5)*
	höchster Wert	geringster Wert
Aufgabe	*7,2 · 4,5 = 32,4; (–7,2) · (–4,5) = 32,4*	*(–7,2) · 4,5 = –32,4; 7,2 · (–4,5) = –32,4*

1 In Berlin hat Silke im Januar drei Wochen lang folgende Mittagstemperaturen (in °C) gemessen.

Woche 1:

Tag	Mo	Di	Mi	Do	Fr	Sa	So
°C	–7	–2	3	5	–1	–8	–11

Woche 2:

Tag	Mo	Di	Mi	Do	Fr	Sa	So
°C	–10	–7	0	4	6	–1	–6

Woche 3:

Tag	Mo	Di	Mi	Do	Fr	Sa	So
°C	■	■	0	–5	–1	–8	–11

a) Berechne die Durchschnittstemperaturen der Woche 1 und Woche 2. In welcher Woche war es durchschnittlich wärmer?

Woche 1:
(–7 –2 +3 +5 –1 –8 –11) : 7
= –21 : 7 = –3 (°C)
Woche 2:
(–10 –7 +0 +4 +6 –1 –6) : 7
= –14 : 7 = –2 (°C)
In der Woche 2 war es durchschnittlich wärmer.

b) In der dritten Woche lag die Durchschnittstemperatur bei –4°C. Wie warm könnte es am Montag und Dienstag gewesen sein?

[( ) + ( ) + (0) + (–5) + (–1) + (–8) + (–11)] : 7 = (–4)
Beispiele: Mo: –3 °C, Di: 0 °C; Mo: –1 °C, Di: –2 °C; Mo: +1 °C, Di: –4 °C

2 Dilara führt gewissenhaft Buch über die Einnahmen und Ausgaben der Klassenkasse.
Berechne den Stand der Klassenkasse Ende Februar.

Klassenkasse 7a

Anfangsbestand:	7,75 €
Januar	
Beiträge	+34,50 €
Geburtstagsgeschenke:	–8,65 €
Februar	
Beiträge	+34,50 €
Klassenfahrt	–75,00 €
Bastelmaterial	–13,85 €
Zuschuss Förderverein	+50,00 €
Stand	29,25 €

7,75 € + 34,50 € + 34,50 € + 50,00 € = 126,75 €
8,65 € + 75,00 € + 13,85 € = 97,50 €
126,75 € – 97,50 € = 29,25 €
Stand Ende Februar: 29,25 €

3 Schüler schätzen die Höhe eines Hauses. Beim genauen Messen stellen sie fest, dass das Haus 9,75 m hoch ist. Sie bestimmen die Abweichungen von ihren Schätzungen.

Abweichungen der Schätzungen von der gemessenen Höhe:

Jonas:	+0,25 m	Matthias:	–1,25 m
Celina:	–0,75 m	Sarah:	–1,75 m
Kaan:	+1,25 m	Peter:	–0,75 m
Zoe:	+0,50 m	Marvin:	–0,25 m

a) Wer hat am genauesten geschätzt; wer am schlechtesten?

am genauesten: Jonas mit 10 m und Marvin mit 9,50 m

am schlechtesten: Sarah mit 8 m

b) Wurde im Durchschnitt die Haushöhe unter- oder überschätzt?

(0,25 m – 0,75 m + 1,25 m + 0,5 m – 1,25 m – 1,75 m – 0,75 m – 0,25 m) : 8 =

(–2,75 m) : 8 = –0,34375 m. Die Haushöhe wurde unterschätzt.

1 Ordne der Textaufgabe den richtigen Term zu und berechne.

a) Subtrahiere von 108 die Zahlen 21 und 9. → Dividiere durch 3. → Addiere 19 dazu.

- ◯ (108 – 21 – 9) : 3 – 19
- ◯ (108 + 21 – 9) : 3 + 19
- ⊗ (108 – 21 – 9) : 3 + 19

Ergebnis: *45*

b) Multipliziere die Zahl 8 mit 9. → Subtrahiere davon die Summe aus 2 und 5. → Addiere die Zahl 5.

- ◯ (8 : 9) + (2 – 5) + 5
- ◯ (8 · 9) + (2 + 5) – 5
- ⊗ (8 · 9) – (2 + 5) + 5

Ergebnis: *70*

2 Ergänze die Tabelle.

Text	Term
Subtrahiere 3 von 7.	*7 – 3*
Multipliziere 6 mit 12.	*6 · 12*
Addiere 12 zu 6.	*6 + 12*
Dividiere 39 durch 13.	*39 : 13*
Addiere 13 zu 5.	5 + 13
Subtrahiere 12 von 7.	7 – 12

Text	Term
Das Produkt aus 5 und 3.	*5 · 3*
Der Quotient aus 8 und 4.	*8 : 4*
Die Summe aus 12 und 18.	*12 + 18*
Die Differenz aus 15 und 7.	*15 – 7*
Der Quotient aus 240 und 24.	240 : 24
Das Produkt aus 13 und 13.	13 · 13

3 Schreibe als Term und berechne.

	Term	Ergebnis
Karim hat 20 €. Er kauft 4 Paar Socken für je 4,50 €	*20 – 4 · 4,50 = 20 – 18 =*	*2*
Herr Werner pflanzt in seinem Garten 8 Reihen mit je 5 Pflanzen und 2 Reihen mit je 4 Pflanzen.	*8 · 5 + 2 · 4 = 40 + 8 =*	*48*
Sven kauft sich eine Kugel Schokoladeneis, eine Kugel Erdbeereis und eine Kugel Vanilleeis. Eine Kugel kostet 0,90 €.	*3 · 0,90 =*	*2,70*
Timo, Hanna und Alex teilen sich eine Tafel Schokolade mit 18 Stücken.	*18 : 3 =*	*6*
Maya bekommt 15 € geschenkt. Sie gibt 2,50 € für eine Zeitschrift und 10 € für ein PC-Spiel aus.	*15 – 2,50 – 10 =*	*2,50*

4 Stelle einen Term für den Umfang der Figur auf und berechne.

a)

u = 2 · 8 cm + 2 · 6 cm

= 28 cm

b)

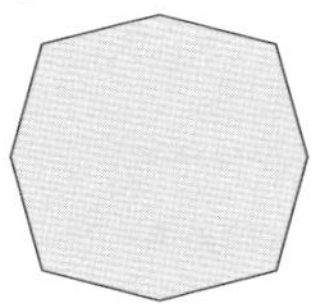

Alle Seiten 3 cm lang

u = 8 · 3 cm

= 24 cm

c)

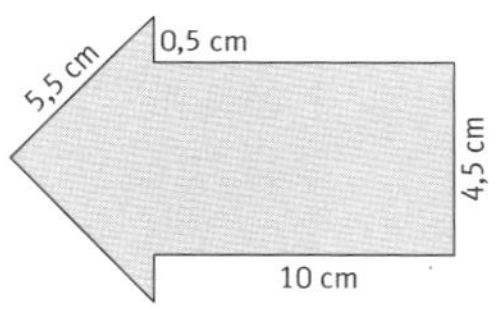

u = 2 · 5,5 cm + 2 · 0,5 cm

+ 2 · 10 cm + 4,5 cm

= 36,5 cm

1 Welcher Term passt zu welcher Aufgabe? Wofür steht jeweils x?

x + 3 | x · 3 | x : 3 | x – 3 | 20x – 10 | 10x – 20 | 20x + 10 | 10x + 20

a) Lea bezahlt drei Brötchen.

x: *ein Brötchen*

x · 3

b) Simon hat 3 € zu wenig dabei.

x: Geldbetrag

x – 3

c) Der Eintritt wird für 20 Kinder um 10 € billiger.

x: Kosten für Eintritt pro Kind

20 · x – 10

d) Ein Lkw hat 10 Kisten zu je x kg und eine Kiste mit 20 kg geladen.

x: Gewicht einer Kiste

10 · x + 20

2 Schreibe als Term mit einer Variablen.

a) Addiere zu einer Zahl 111. *x + 111*

b) Multipliziere eine Zahl mit 25. *x · 25*

c) Subtrahiere eine Zahl von 66. *66 – x*

d) Dividiere 86 durch eine Zahl. *86 : x*

e) Die Summe aus x und 9 *x + 9*

f) Die Differenz aus x und 4 *x – 4*

g) Das Produkt aus 9 und x *9 · x*

h) Der Quotient aus x und 3 *x : 3*

3 Formuliere zu jedem Term einen passenden Text.

a) x – 88 *Subtrahiere 88 von einer Zahl.*

b) 144 : y *Dividiere 144 durch eine Zahl.*

c) 36 + 4 · z *Addiere zu 36 das Vierfache einer Zahl.*

4 Setze für die Variable die angegebenen Zahlen ein und berechne den Wert des Terms.

z	7 – z	2 · z	4 · z – 2	12 – 3z	(z + 5) · 8
1	*6*	*2*	*2*	*9*	*48*
2	*5*	*4*	*6*	*6*	*56*
3	*4*	*6*	*10*	*3*	*64*
0,5	*6,5*	*1*	*0*	*10,5*	*44*

5 Verbinde jede Figur mit dem Term, der zu ihrer Umfangsberechnung passt. Vier Terme bleiben übrig.

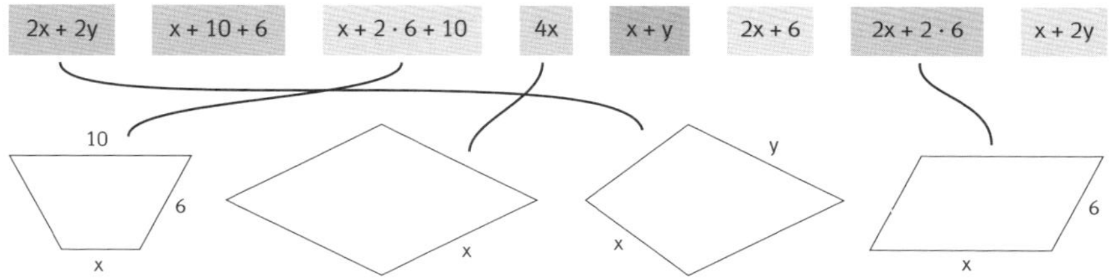

1 Formuliere zu jeder Situation einen Term mit einer Variablen.

a) Meryem bekommt 10 € mehr Taschengeld als ihr Bruder. *x + 10*

b) Die Kosten für die Klassenfahrt werden auf 24 Schüler aufgeteilt. *k : 24*

c) Timur braucht doppelt so lange zur Schule wie Maurice. *m · 2*

d) Im Winterschlussverkauf kostet eine Jacke 25 € weniger. *y − 25*

e) Nina kauft vier Hefter. *h · 4*

f) Jenny hat nur halb so viele Sammelkarten wie Kai. *k : 2*

g) Steven schoss zwei Tore mehr als Cevin. *t + 2*

h) Das Weihnachtsgeld müssen sich drei Geschwister teilen. *w : 3*

2 Setze für x die Zahl rechts neben dem Term ein und berechne den Wert. Trage die Werte in das Kreuzzahlrätsel ein.

[1] 4	4		[2] 8	[3] 2
0		[4] 2		7
	[5] 1	1	3	
[6] 5		9		[7] 3
[8] 4	8		[9] 2	2

Kreuzzahlrätsel

Waagerecht		Senkrecht	
1 6x − 16	x = 10	1 (x − 3) · 4	x = 13
2 −x + 89	x = 7	3 63 − 4x	x = 9
5 2 · (x + 4) + 1	x = 52	4 12x − 21	x = 20
8 3x − (x + 2)	x = 25	6 (−3) · x · (−6)	x = 3
9 58 − 3x	x = 12	7 76 : x − 6	x = 2

3 Füttere die Schlange entsprechend der Vorgaben und berechne das Ergebnis.

	x	y	z	Ergebnis
a)	6	8	16	*32*
b)	9	15	12	*42*
c)	12	10	18	*38*
d)	7	9	11	*29*

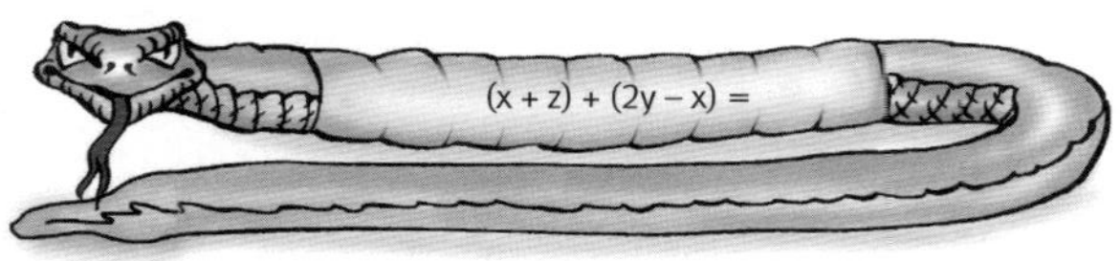

4 Schreibe als Term mit zwei Variablen.

a) Subtrahiere das Dreifache einer Zahl vom Fünffachen einer anderen Zahl. *5 · x − 3 · y*

b) Dividiere das Doppelte einer Zahl durch eine andere Zahl. *2 · x : y*

c) Multipliziere die Summe zweier verschiedener Zahlen mit deren Differenz. *(x + y) · (x − y)*

1 Ergänze die Tabelle.

Term	vereinfachter Term	Wert des Terms für x = 1	Wert des Terms für x = 4	Wert des Terms für $x = \frac{1}{2}$
a) x + 5x − x + 2x	*7x*	*7*	*28*	*3,5*
b) 12 + 4x − 3x − 6	*x + 6*	*7*	*10*	*6,5*
c) 10x + 1 − 2x + 8	*8x + 9*	*17*	*41*	*13*
d) 9x + 5 + 13x	*22x + 5*	*27*	*93*	*16*

2 Zwei Terme passen zusammen. Vereinfache zuerst, dann verbinde.

7a + 5 + 12a + 6	*19a + 11*	*4 + 3a*	4 + 9a − 6a + 0
16a + 7 + 4a − 6	*20a + 1*	*20a + 1*	8a + 14 + 15a − 13 − 3a
5a + 8 − 2a − 4	*3a + 4*	*19a + 11*	5a + 11 + 14a
8 + 16a + 8 − 12a	*4a + 16*	*4a + 16*	−11 + 12a + 27 − 8a

3 Stelle Terme für den Umfang der Figuren auf und vereinfache sie.

a) 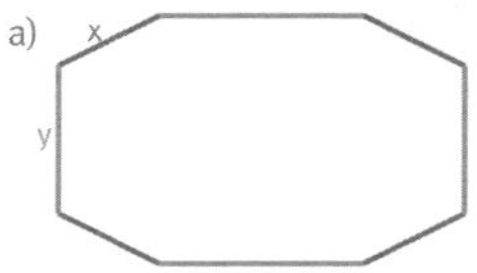

b) 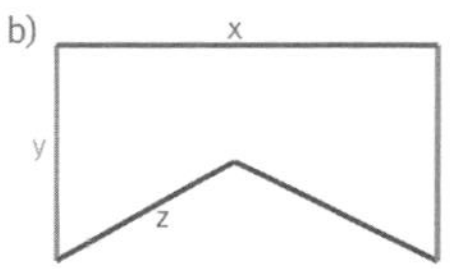

c) 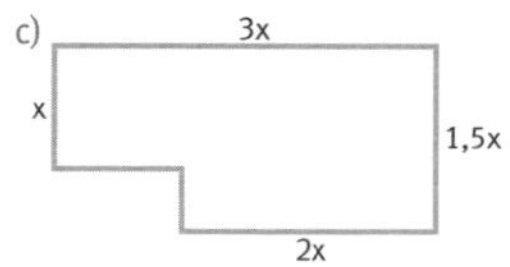

a) *x + y + x + y + x + y + x + y = 4x + 4y*

b) *x + y + z + z + y = x + 2y + 2z*

c) *3x + 1,5x + 2x + 0,5x + x + x = 9x*

4 Fülle die Termmauern aus. Achte auf die richtige Rechenoperation.

a) Addition

10t + 3
7t + 1 | 3t + 2
5t | 2t + 1 | *t + 1*

b) Subtraktion

6w
11w | *5w*
20w | *9w* | *4w*

c) Multiplikation

441 u
42u | *10,5*
6u | *7* | 1,5

d) Division

0,5b
3b | 6
36b | 12 | *2*

1 Jeweils zwei Terme ergeben eine Gleichung.

a)	49 – 5 · 6 =	*7 + 3 · 4*
b)	*= 100 · 3 – 2*	*123 + 175*
c)	*= 238 – 7 · 34*	*153 – (84 + 69)*
d)	*= 3 + 4 · 5*	*92 : 4*
e)	*= 88 + 76*	*10 · 10 + 8 · 8*

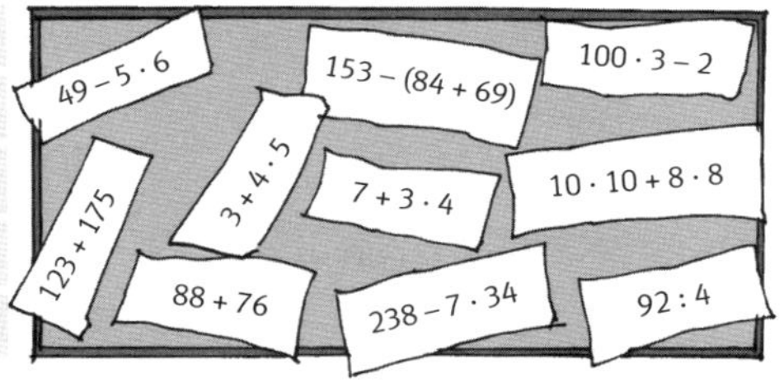

2 >, < oder = ?

a) 96 – 17 + 3 (=) 128 – 46
82 = 82

b) 6 · 7 : 3 (>) (57 – 9) : 4
14 > 12

c) 23 · 7 – 16 (<) 111 + 105 : 3
145 < 146

d) 179 + 121 : 11 (=) 5 · 19 · 2
190 = 190

3 Löse die Gleichung im Kopf oder durch Probieren.

a) x + 4 = 13
x = 9

b) 33 – x = 27
x = 6

c) x – 62 = 81
x = 143

d) x · 4 = 24
x = 6

e) 48 : x = 3
x = 16

f) 8 · x + 2 = 18
x = 2

g) $\frac{1}{2} \cdot x = 50$
x = 100

h) 72 : x = –9
x = –8

i) $x - \frac{1}{4} = \frac{3}{4}$
x = 1

4 Stelle die Gleichung auf und löse.

x + 5 = *20*
x = 15 (kg)

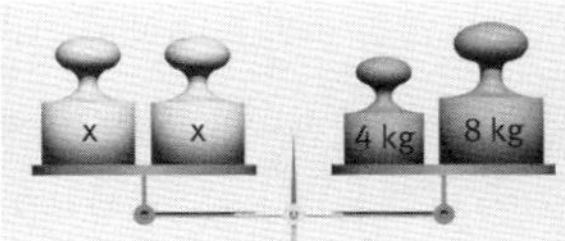

2 · x = 12
x = 6 (kg)

12 = x + 2
10 = x (kg)

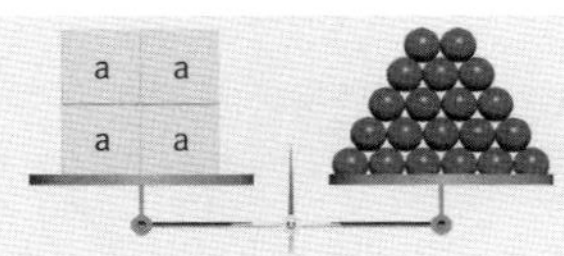

4 · a = 20
a = 5 (Kugeln)

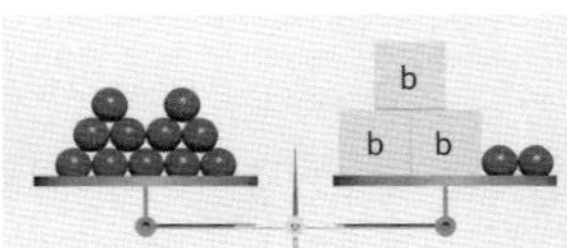

11 = 3 · b + 2
3 (Kugeln) = b

20 = 6 + 2 · c
7 (Kugeln) = c

1 Umrahme Gleichung, Umkehraufgabe und Lösung mit gleicher Farbe.

a)

Gleichung	Umkehraufgabe	Lösung
x + 13 = 41	x = 17 + 9	x = 26
x – 17 = 9	x = 41 – 14	x = 26
x – 32 = 25	x = 32 – 25	x = 57
14 + x = 41	x = 41 – 13	x = 27
25 + x = 32	x = 25 + 32	x = 7
x – 9 = 17	x = 9 + 17	x = 28

b)

Gleichung	Umkehraufgabe	Lösung
9 · x = 27	x = 13 · 4	x = 3
2 · x = 38	x = 27 : 3	x = 42
x : 4 = 13	x = 27 : 9	x = 9
x : 3 = 14	x = 14 · 3	x = 19
x : 9 = 2	x = 2 · 9	x = 52
x · 3 = 27	x = 38 : 2	x = 18

2 Löse durch die Umkehraufgabe.

a) 17 + x = 35
x = 35 – 17
x = 18

b) x + 21 = 49
x = 49 – 21
x = 28

c) x – 44 = 19
x = 19 + 44
x = 63

d) x – 23 = 12
x = 12 + 23
x = 35

e) 9 · x = 45
x = 45 : 9
x = 5

f) x · 17 = 51
x = 51 : 17
x = 3

g) x : 5 = 7
x = 7 · 5
x = 35

h) x : 3 = 4
x = 4 · 3
x = 12

i) 2 · x = 16
x = 16 : 2
x = 8

j) 16 + x = 59
x = 59 – 16
x = 43

k) x – 13 = 29
x = 29 + 13
x = 42

l) x : 9 = 7
x = 7 · 9
x = 63

3 Löse mithilfe von Umkehraufgaben.

a)
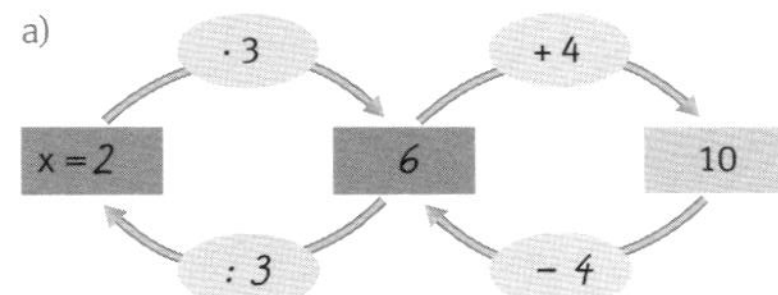

b)
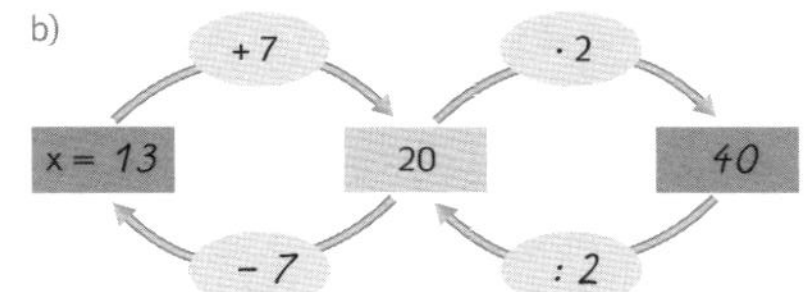

c)
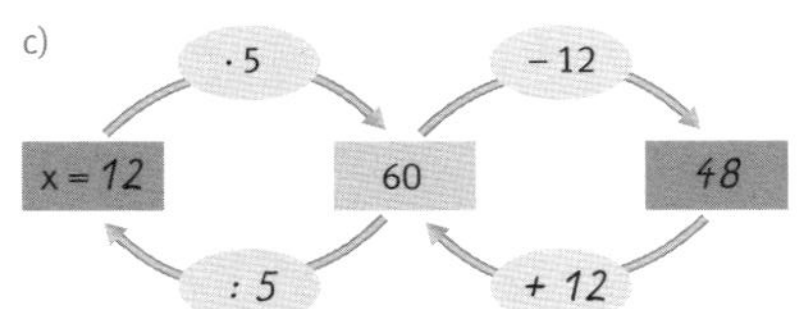

d)
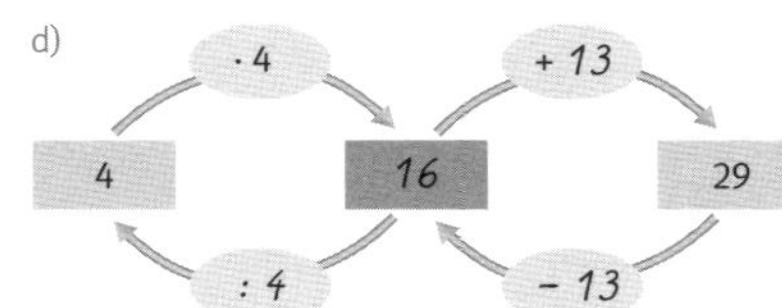

1 Löse die Gleichung zuerst zeichnerisch, dann durch Rechnung.

a)

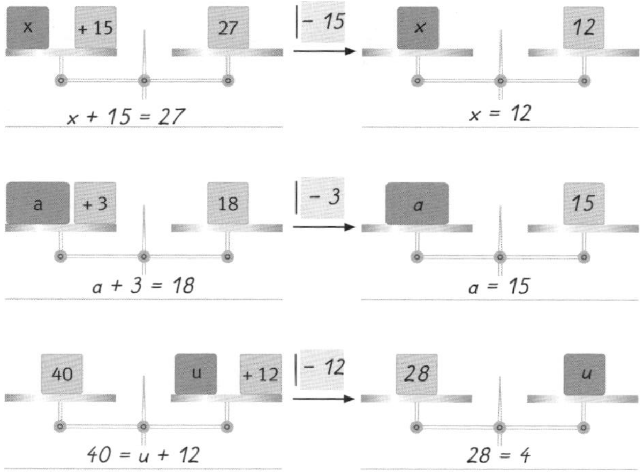

Probe: 12 + 15 = 27
27 = 27 ✓

15 + 3 = 18
18 = 18 ✓

40 = 28 + 12
40 = 40 ✓

2 Ergänze die Umformungsschritte.

a) z + 34 = −66 | − 34
z = − 100

b) s − 16 = 39,5 | + 16
s = 55,5

c) 52 = 27 + r | − 27
r = 25

d) b + 45 = 13 + 17
b + 45 = 30 | − 45
b = − 15

e) −12 − 7 = h + 4
− 19 = h + 4 | − 4
h = − 23

f) $\frac{1}{2} \cdot (-6) = x - 11$
− 3 = x − 11 | + 11
x = 8

3 Bestimme x.

a) x + 12 = 45 − 12
x + 12 = 33
x = 21

b) x − 3 = 8 · 4
x − 3 = 32
x = 35

c) x + 10 = 81 : 3
x + 10 = 27
x = 17

4

Text	a) Wenn man eine Zahl um 4 vermindert, erhält man das Produkt aus 3 und 7.	b) Wenn man zu der Zahl 47 eine unbekannte Zahl addiert, erhält man das 7-fache von 12.
Gleichung	x − 4 = 3 · 7	47 + x = 7 · 12
Lösung	x − 4 = 21 | + 4 x = 25	47 + x = 84 | − 47 x = 37

1 Löse die Gleichung zuerst zeichnerisch, dann durch Rechnung.

a)

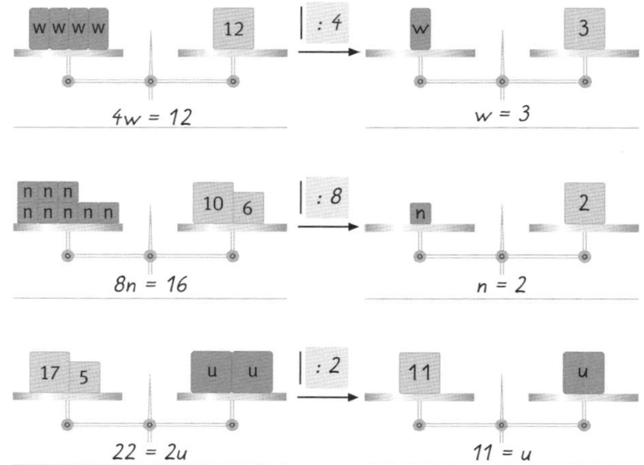

Probe:
4 · 3 = 12
12 = 12 ✓

8 · 2 = 16
16 = 16 ✓

22 = 2 · 11
22 = 22 ✓

2 Ergänze die Umformungsschritte.

a) 8 · r = 40 | : 8
r = 5

b) 33 = 11 · t | : 11
t = 3

c) e : 2 = −5 | · 2
e = −10

d) 14 : 2 = y : 7
7 = y : 7 | · 7
y = 49

e) 5 · (−18 + 4) = a : (−0,5)
− 70 = a : 0,5 | · 0,5
a = −35

f) 3,5p = − 4 + 11
3,5p = 7 | : 3,5
p = 2

3 Die Summe aller Variablen lautet 264. Stimmt das?

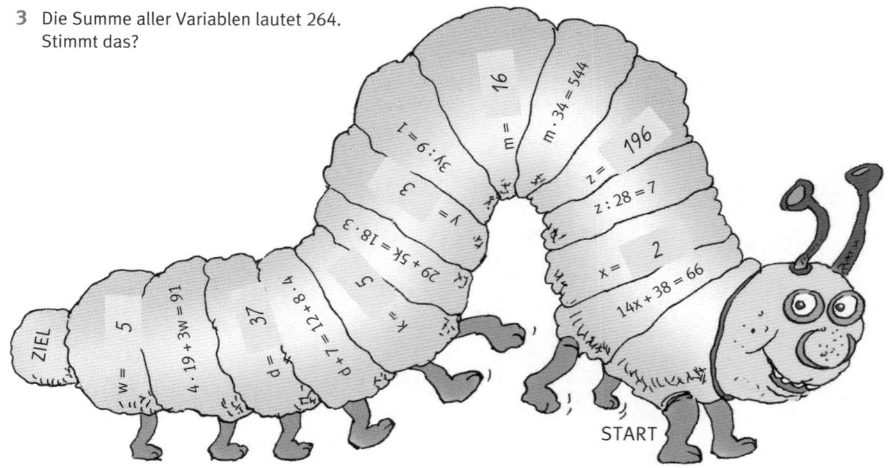

Summe aller Variablen: 264

1 Bestimme die Winkel mit Hilfe einer Gleichung. Die Winkelsumme in einem Viereck beträgt 360°.

a)
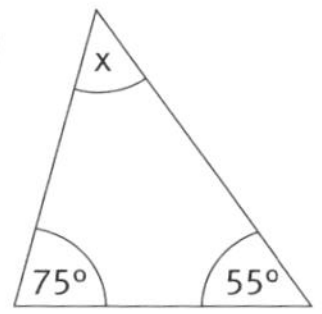

75° + 55° + x = 180°
130° + x = 180°
x = 50°

b)
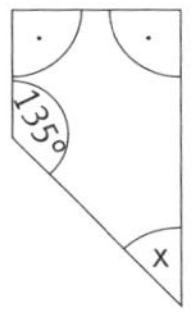

2 · 90° + 135° + x = 360°
315° + x = 360°
x = 45°

c)
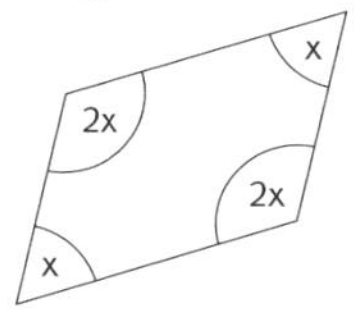

2x + 2x + x + x = 360°
6x = 360°
x = 60°
2x = 120°

2 Stelle eine Gleichung auf und berechne die Variable.

a)
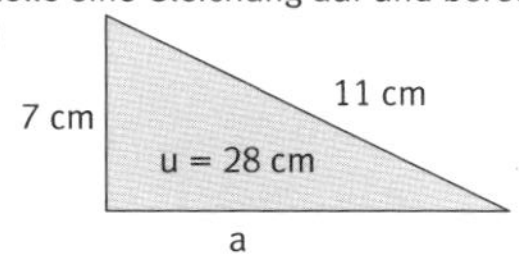

11 cm + 7 cm + a = 28 cm
18 cm + a = 28 cm
a = 10 cm

b)
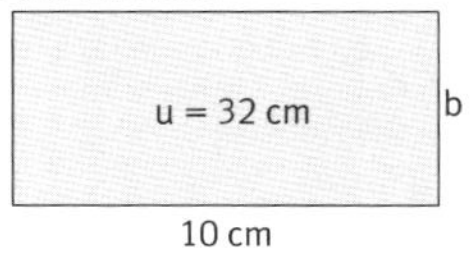

2 · 10 cm + 2b = 32 cm
2b = 12 cm
b = 6 cm

c)
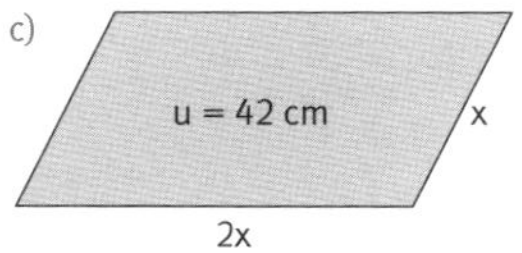

2 · 2x + 2x = 42 cm
6x = 42 cm
x = 7 cm

3 Notiere die Frage, stelle die Gleichung auf, löse und beantworte deine Frage.

Text	Ein quadratisches Grundstück hat einen Umfang von 88 m.	Ein 6 cm breites Rechteck hat einen Flächeninhalt von 51 cm^2.
Frage:	Wie lang ist eine Seite des Grundstückes?	Wie lang ist das Rechteck?
Gleichung:	4 · x = 88 m | : 4 x = 22 m	x · 6 = 51 cm | : 6 x = 8,5 cm
Antwort:	Eine Grundstücksseite ist 22 m lang.	Das Rechteck ist 8,5 cm lang.

4 Ein gleichschenkliges Dreieck hat eine Basis von 4 cm und einen Umfang von 10 cm. Berechne die Länge der Schenkel mit einer Gleichung. Zeichne auch eine Skizze.

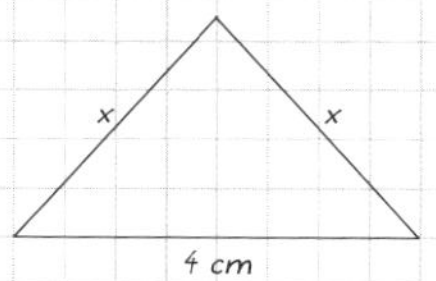

2 · x + 4 cm = 10 cm | − 4
2 · x = 6 cm | : 2
x = 3 cm

1 Benenne die Vierecke und zeichne gleich lange Seiten mit gleicher Farbe nach. Trage auch mögliche Symmetrieachsen ein.

a) Rechteck
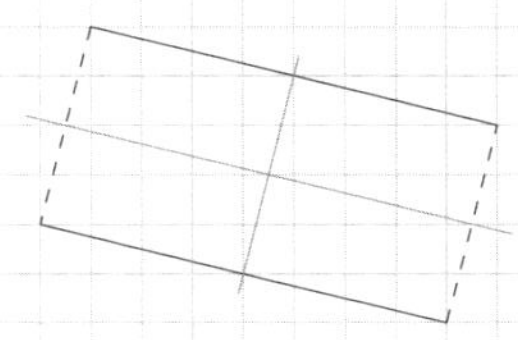

b) Drachen
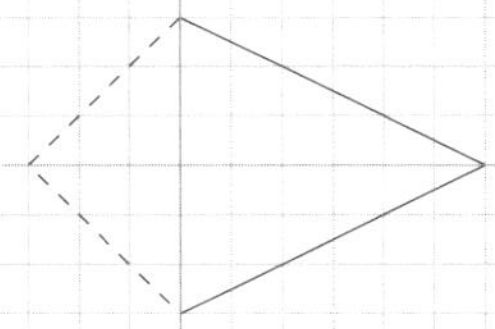

c) Parallelogramm
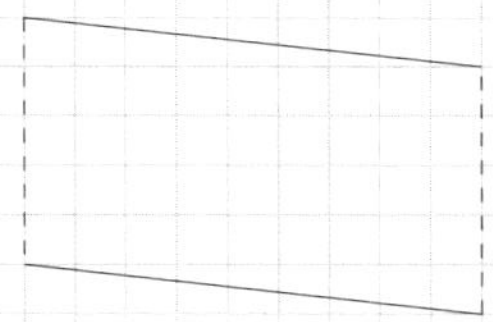

d) Raute
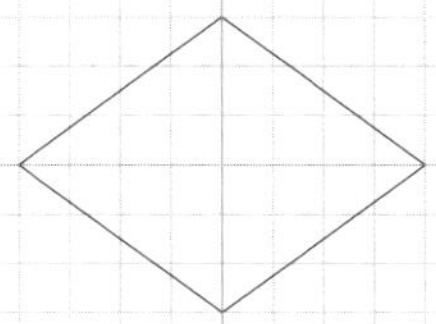

e) Quadrat
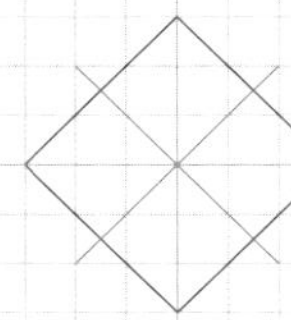

f) Trapez
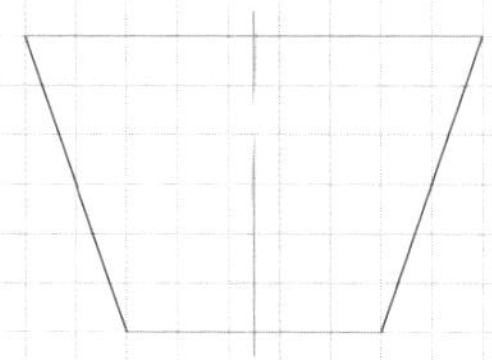

2 Ein Parallelogramm hat folgende Eckpunkte. Zeichne sie in das Koordinatensystem. Ergänze jeweils den fehlenden Eckpunkt und gib seine Koordinaten an.

a) A (2|1); B (4|3); C (4|9); D (2 | 7)
b) E (8 | 0); F (13|0); G (15|8); H (10|8)
c) K (10|2); L (12|4); M (5 | 8); N (3|6)

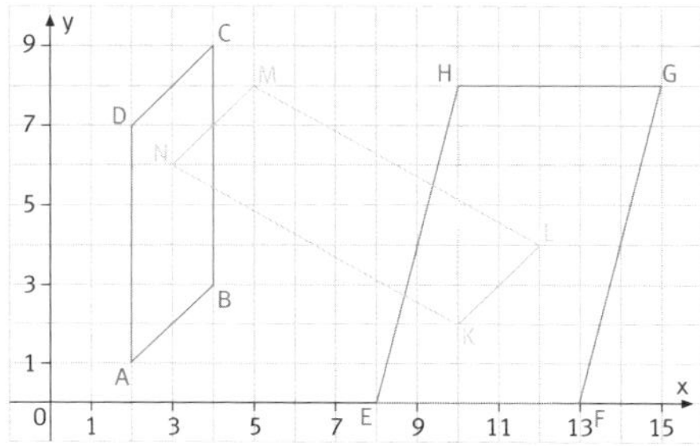

3 Zeichne die angegebenen Punkte in das Koordinatensystem. Ergänze jeweils zum vorgegebenen Viereck und gib die Koordinaten des fehlenden Eckpunktes an.

a) Raute:
A (0|4); B (2|0); C (4|4); D (2 | 8)

b) Drachen:
E (8 | 5); F (13|7); G (8|9); H (5|7)

c) Trapez (gleichschenklig):
K (10|2); L (14|0); M (14 | 6); N (10|4)

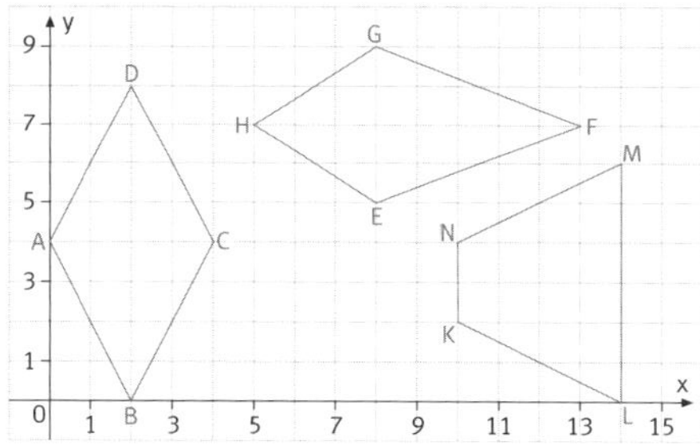

1 Hier sind die Diagonalen abgebildet. Ergänze jeweils die Vierecke und benenne sie.

a) *Trapez*

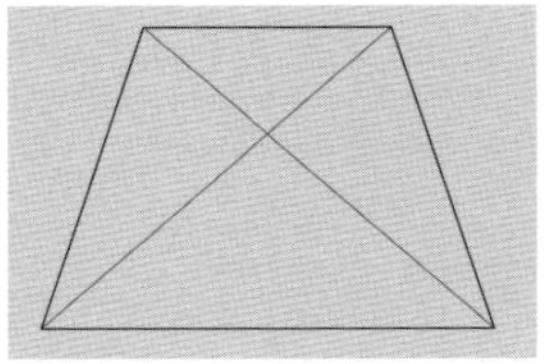

b) *Raute*

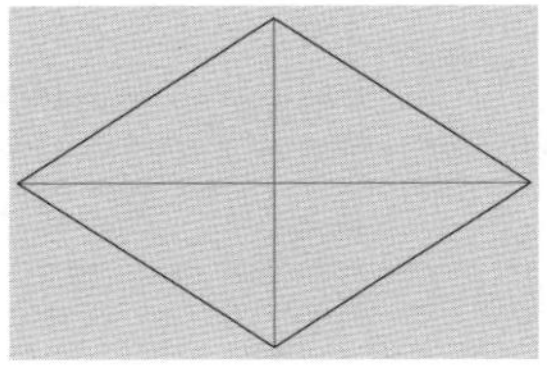

c) *Rechteck*

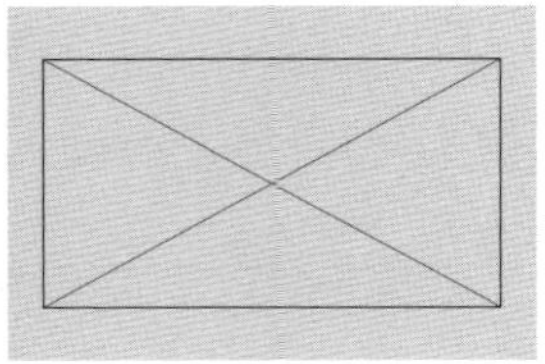

d) *Drachen*

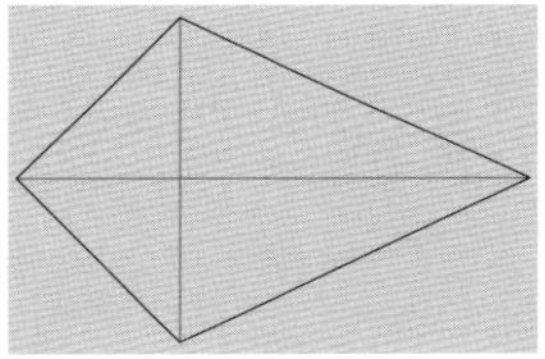

e) *Quadrat*

f) *Parallelogramm*

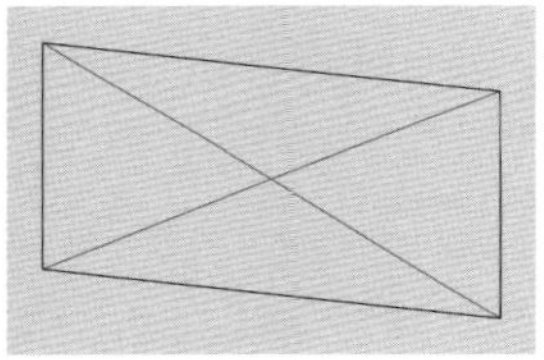

2 Benenne die beschriebenen Vierecke und ordne die abgebildeten Vierecke 1 bis 7 zu.

a) *Quadrat*	b) *Rechteck*	c) *Parallelogramm*
– 4 gleich lange Seiten – Je 2 gegenüberliegende Seiten sind parallel. – 4 rechte Winkel	– Je 2 gegenüberliegende Seiten sind gleich lang und parallel. – 4 rechte Winkel	– Je 2 gegenüberliegende Seiten sind gleich lang und parallel. – Je 2 gegenüberliegende Winkel sind gleich groß.
3, 5	*2, 3, 5, 7*	*1, 2, 3, 4, 5, 6, 7*

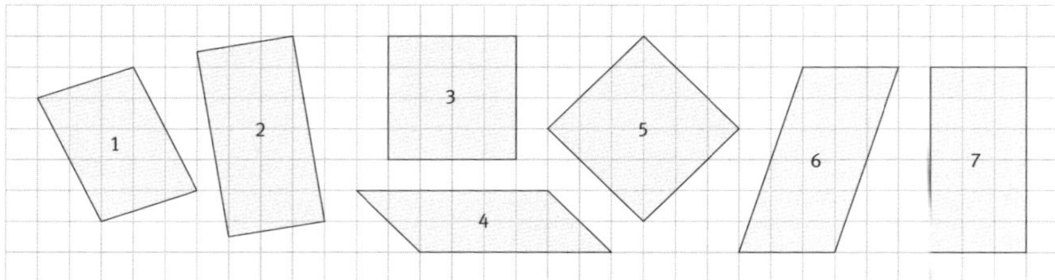

3 Berechne die gesuchten Winkel.

a)

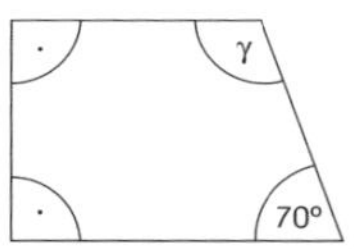

γ = *110°*

b)

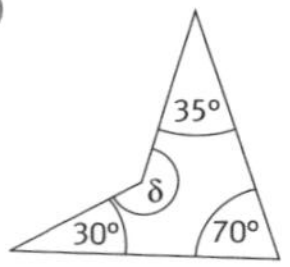

δ = *225°*

c)

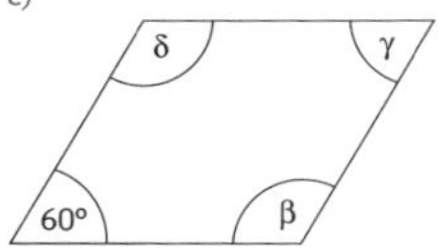

β = *120°*
γ = *60°*
δ = *120°*

Flächen vergleichen

1 Je eine Figur der oberen Reihe hat den gleichen Flächeninhalt wie eine der unteren Reihe. Verbinde sie durch einen Pfeil. Nummeriere wie im Beispiel die zerlegungsgleichen Teile.

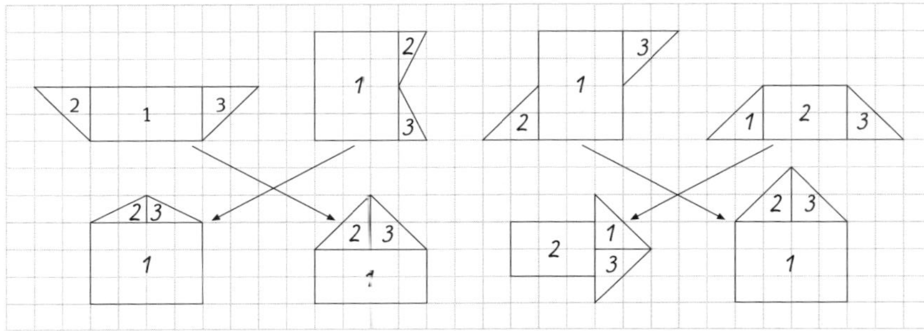

2 Wandle die Figuren in Rechtecke mit gleicher Flächengröße um, wie es Beispiel A zeigt.

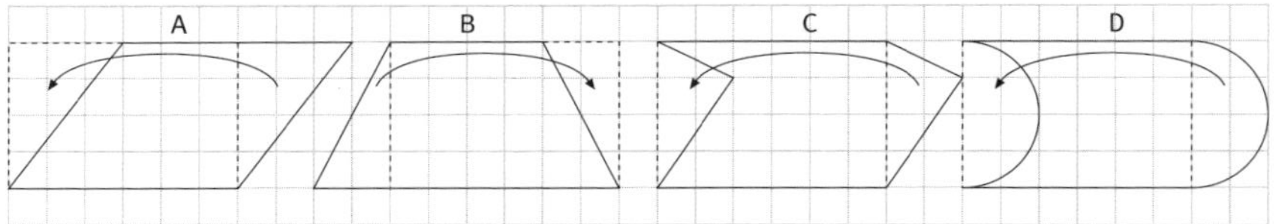

3 Ergänze die Dreiecke jeweils zu einem Rechteck mit doppeltem Flächeninhalt.

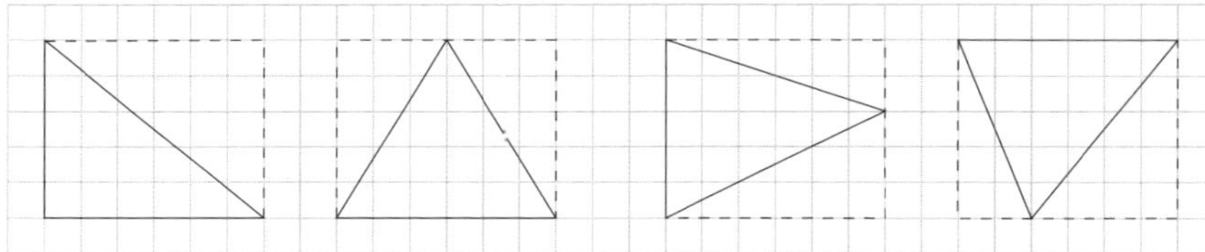

4 a) Zeichne noch zwei verschiedene Rechtecke, die jeweils den gleichen Umfang wie Rechteck A haben. Die Seitenlängen sollen immer ganze Zentimeter sein und auf dem Blatt Platz haben.
b) Berechne die Flächeninhalte.

A

u = *16* cm

A = *12* cm^2

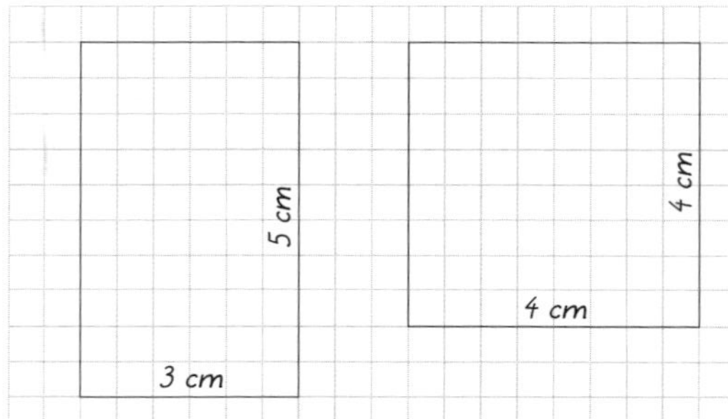

A = *15* cm^2 A = *16* cm^2

1 Zeichne bei folgenden Figuren die Umfangslinien rot nach und färbe die Fläche gelb.
Berechne anschließend Flächeninhalt und Umfang.

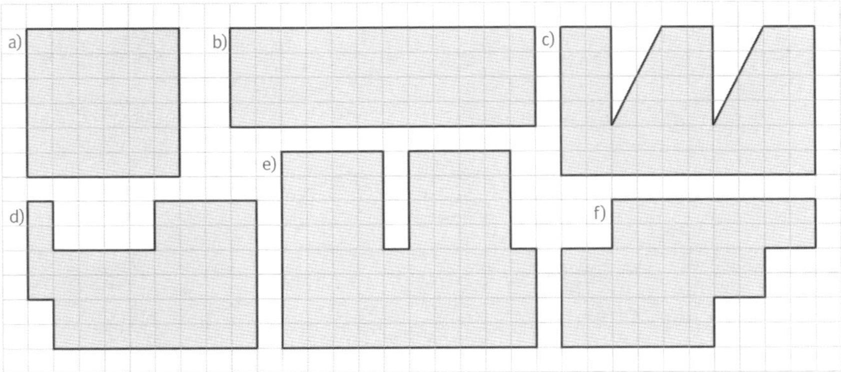

	a)	b)	c)	d)	e)	f)
Flächeninhalt	9 cm^2	11 cm^2	12 cm^2	18 cm^2	13 cm^2	11 cm^2
Umfang	12 cm	17 cm	16 cm	22 cm	22,4 cm	16 cm

2 Zeichne weitere Rechtecke mit Umfang 16 cm und berechne ihren Flächeninhalt.

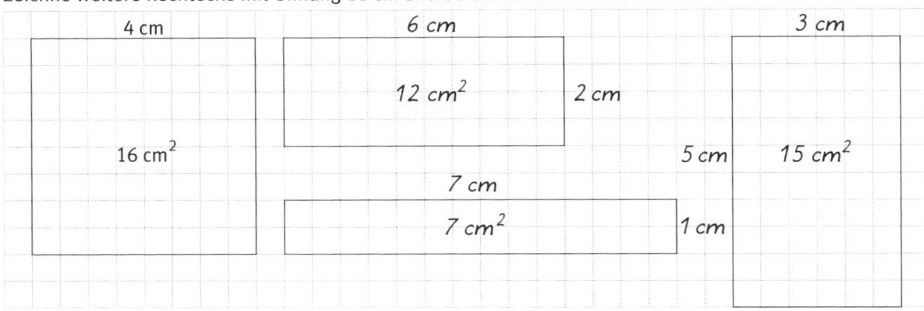

3 Gib die Flächeninhalte und die Umfänge der gezeichneten Flächen möglichst genau an.

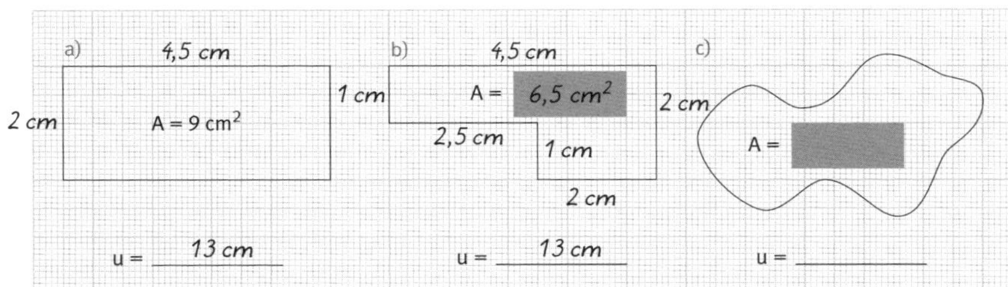

1 a) Beschrifte Ecken und Seiten der Parallelogramme und zeichne jeweils die Höhe ein.
b) Berechne den Flächeninhalt.

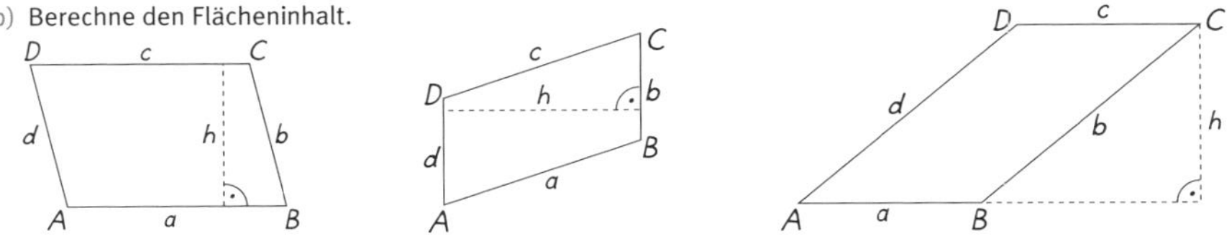

A = 3 cm · 2 cm
= 6 cm^2

A = 1,5 cm · 2,7 cm
= 4,05 cm^2

A = 2,5 cm · 2,5 cm
= 6,25 cm^2

2 Berechne Umfang und Flächeninhalt.

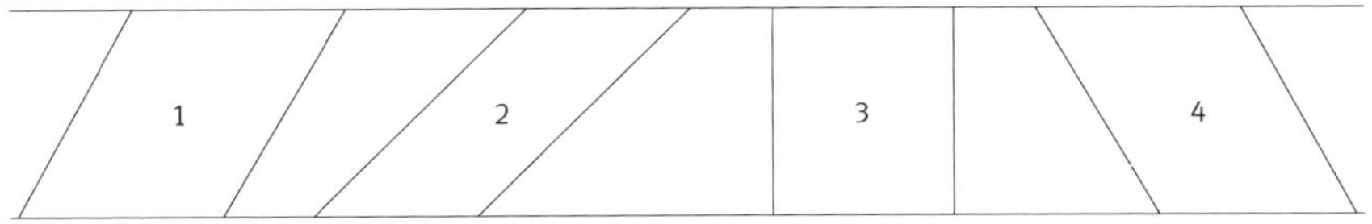

$u_1 = 2 \cdot (2{,}5\ cm + 3\ cm)$
$= 11\ cm$

$u_2 = 2 \cdot (2\ cm + 3{,}7\ cm)$
$= 11{,}4\ cm$

$u_3 = 2 \cdot (2{,}2\ cm + 2{,}6\ cm)$
$= 9{,}6\ cm$

$u_4 = 2 \cdot (2{,}4\ cm + 3\ cm)$
$= 10{,}8\ cm$

$A_1 = 2{,}5\ cm \cdot 2{,}6\ cm$
$= 6{,}5\ cm^2$

$A_2 = 2\ cm \cdot 2{,}6\ cm$
$= 5{,}2\ cm^2$

$A_3 = 2{,}2\ cm \cdot 2{,}6\ cm$
$= 5{,}72\ cm^2$

$A_4 = 2{,}4\ cm \cdot 2{,}6\ cm$
$= 6{,}24\ cm^2$

3 a) Beschrifte Ecken und Seiten der Dreiecke. Trage auch eine Höhe ein.
b) Berechne Flächeninhalt und Umfang.

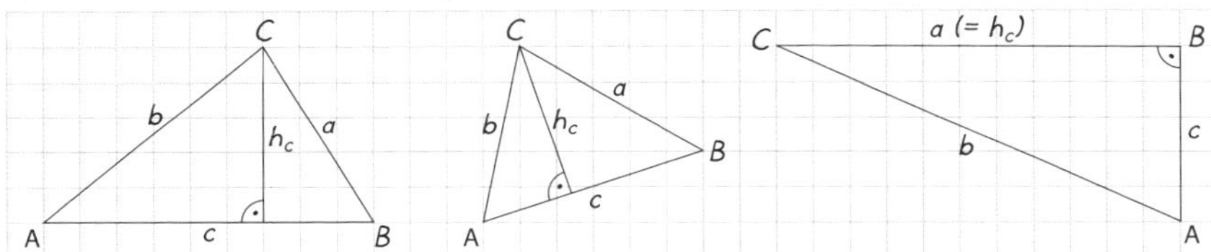

$A = \frac{4{,}5\ cm \cdot 2{,}5\ cm}{2}$
$= 5{,}625\ cm^2$
$u = 4{,}5\ cm + 2{,}9\ cm + 3{,}9\ cm$
$= 11{,}3\ cm$

$A = \frac{3{,}2\ cm \cdot 2{,}2\ cm}{2}$
$= 3{,}52\ cm^2$
$u = 3{,}2\ cm + 2{,}9\ cm + 2{,}5\ cm$
$= 8{,}6\ cm$

$A = \frac{2{,}5 \cdot 5{,}5}{2}$
$= 6{,}875\ cm^2$
$u = 2{,}5\ cm + 5{,}5\ cm + 6\ cm$
$= 14\ cm$

1 Angenommen, du zerschneidest die farbige Figur so, dass du mit den farbigen Stücken Kästchen vollständig bedecken kannst. Wie viele Kästchen bleiben dann unbedeckt?

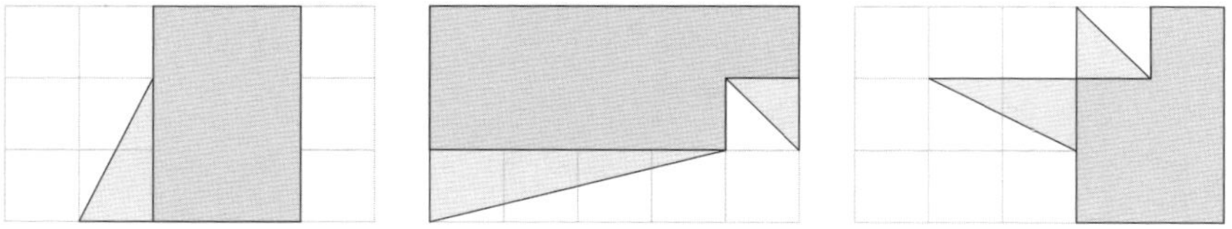

9 Kästchen | *6 Kästchen* | *10 Kästchen*

2 Vervollständige jeweils die Rechnung.

Flächen zerlegen

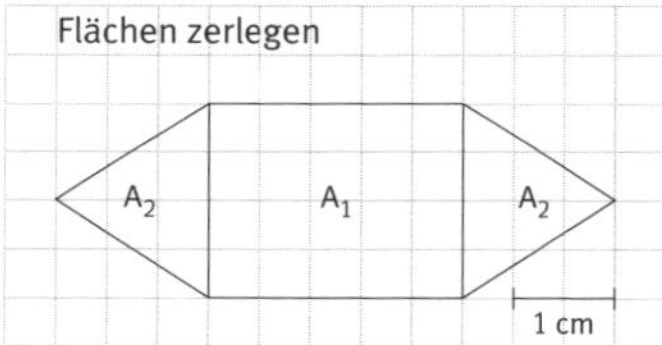

$A = A_1 + 2 \cdot A_2$
$= 2{,}5\ cm \cdot 2\ cm + 2 \cdot \frac{2\ cm \cdot 1{,}5\ cm}{2}$
$= 5\ cm^2 + 3\ cm^2$
$= 8\ cm^2$

Flächen ergänzen

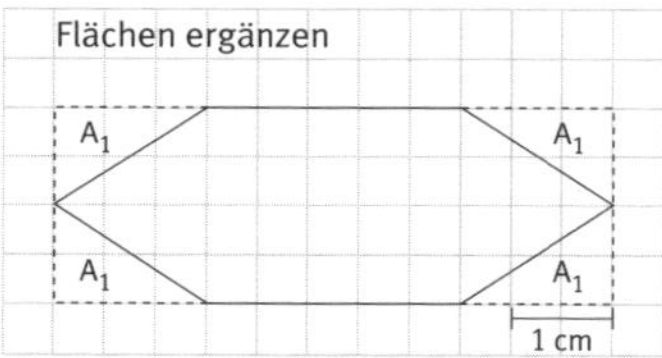

$A = A_{Rechteck} - 4 \cdot A_1$
$= 5{,}5\ cm \cdot 2\ cm - 4 \cdot \frac{1{,}5\ cm \cdot 1\ cm}{2}$
$= 11\ cm^2 - 3\ cm^2$
$= 8\ cm^2$

3 Berechne die Flächeninhalte, indem du entweder in Teilflächen zerlegst oder ergänzt. Trage die Teilinhalte in deine Aufteilung ein. Gib dann das Gesamtergebnis an.

Mögliche Aufteilungen:

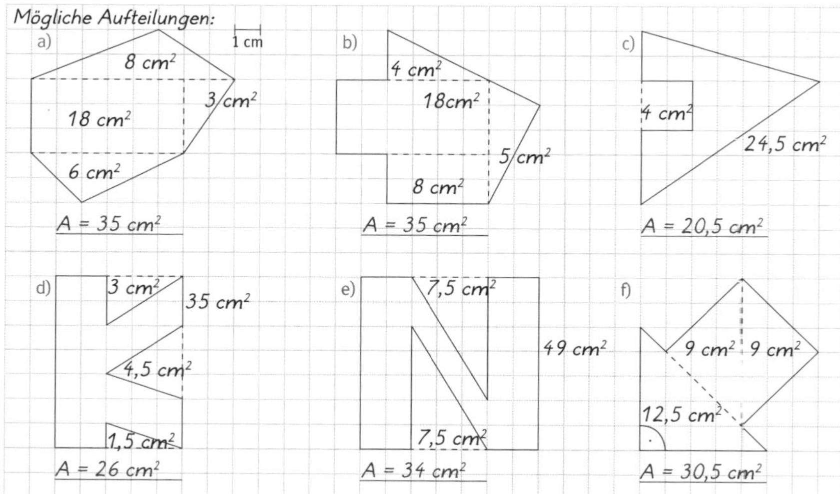

1 Eine Schule besitzt einen Garten, der 15 m lang und 8 m breit ist.
a) Trage die Maße in die Zeichnung ein.
b) Welche Fläche hat der Schulgarten? Löse mit der Formel.

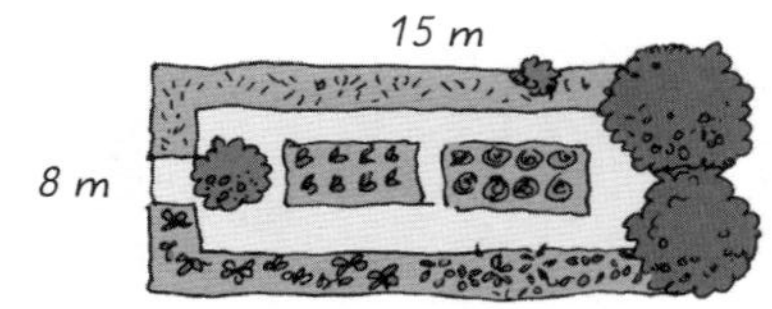

gegeben: *a = 15 m; b = 8 m* gesucht: *Flächeninhalt A*

Rechnung: *A = a · b   A = 15 m · 8 m   A = 120 m²*

Antwort: *Der Schulgarten hat eine Fläche von 120 m².*

c) Wie viele Meter Zaun werden benötigt, wenn an der Breitseite ein 4 m breites Tor vorgesehen ist?

gegeben: *a = 15 m; b = 8 m; Tor 4 m breit* gesucht: *Zaunlänge*

Rechnung:

u = 2 · a + 2 · b	*Zaunlänge:*
u = 2 · 15 m + 2 · 8 m	*46 m – 4 m = 42 m*
u = 46 m	

Antwort: *Es werden 42 m Zaun benötigt.*

d) Wie ändert sich der Bedarf für den Zaun, wenn der Garten bei gleicher Breite 30 m lang ist?

gegeben: *a = 30 m; b = 8 m; Tor = 4 m* gesucht: *Zaunlänge*

Rechnung:

u = 2 · a + 2 · b	*Zaunlänge:*
u = 2 · 30 m + 2 · 8 m	*76 m – 4 m = 72 m*
u = 76 m	

Antwort: *Es werden 72 m Zaun benötigt.*

2 Der Umfang eines rechteckigen Gartens, der doppelt so lang wie breit ist, ist 126 m lang. Der Garten soll eingezäunt werden.

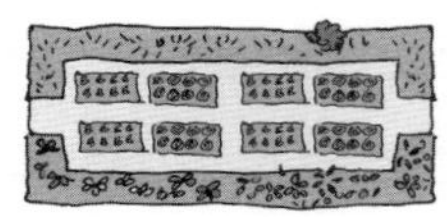

a) Berechne, wie teuer die Umzäunung ist, wenn der laufende Meter Zaun 15 € und jede der beiden 1,5 m breiten Gartentüren 320 € kostet.

Zaunlänge:	*Kosten:*
126 m – 2 · 1,5 m	*123 · 15 € + 2 · 320 €*
= 123 m	*= 1 845 € + 640 € = 2 485 €*

b) Ermittle den Flächeninhalt des Gartens.

Breite des Gartens: *b = 126 m : 6 = 21 m* Länge des Gartens: *a = 2 · 21 m = 42 m*

Flächeninhalt des Gartens: *42 m · 21 m = 882 m²*

1 Der Giebel des Hauses ist ein gleichschenkliges Dreieck.
a) Trage die Größe von α und β ein.
b) Die Zeichnung ist im Maßstab 1 : 100 erstellt. Wie hoch und wie breit ist der Giebel? Trage ein.
c) Berechne die Giebelfläche ohne Fenster.
d) Das Haus misst vom Boden bis zur Giebelspitze 10,5 m. Ergänze die Hausfassade.

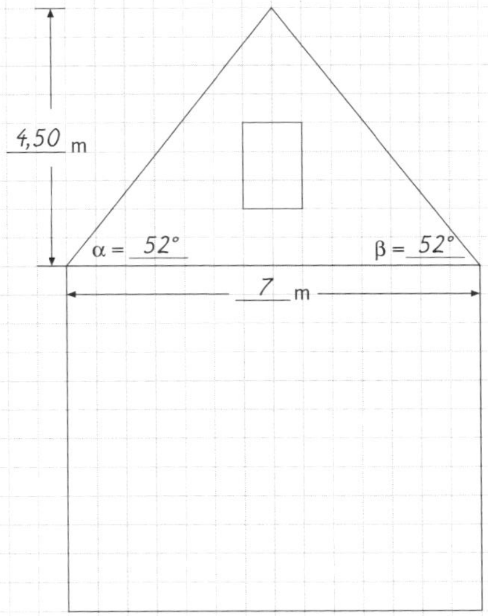

$$A_{Giebel} = \frac{7\,m \cdot 4{,}50\,m}{2} - 1\,m \cdot 1{,}5\,m$$
$$= 15{,}75\,m^2 - 1{,}5\,m^2$$
$$= 14{,}25\,m^2$$

2 Zwei rechteckige Arbeitsplatten, 280 cm und 190 cm lang sowie 70 cm breit, sind für eine Küche vorbereitet. Vor Ort müssen die Platten so zugeschnitten werden, dass sie an der Stoßkante s nahtlos aneinandergefügt werden können. Außerdem werden noch die Ausschnitte für Kochfeld und Spüle ausgesägt. Kennzeichne wegfallende Stücke. Berechne den gesamten Abfall in cm^2 und in Prozent.

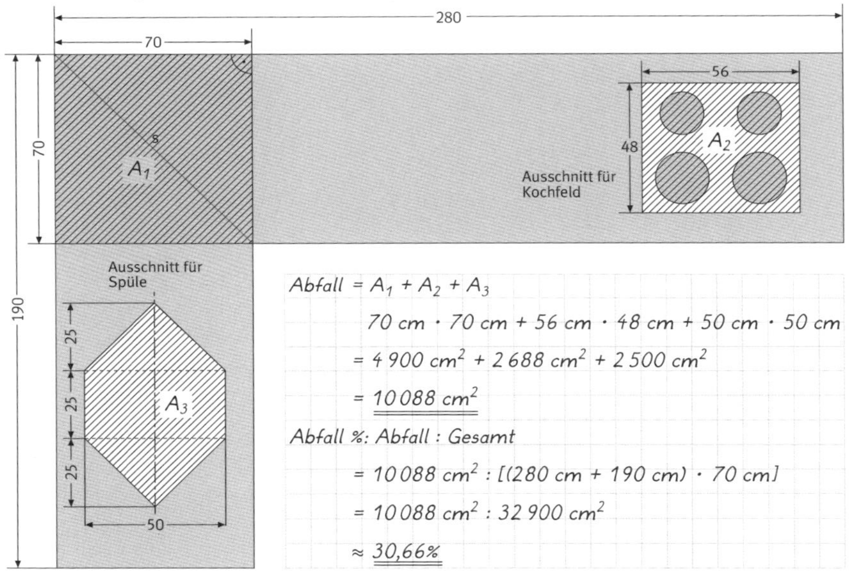

Abfall = $A_1 + A_2 + A_3$
$70\,cm \cdot 70\,cm + 56\,cm \cdot 48\,cm + 50\,cm \cdot 50\,cm$
$= 4\,900\,cm^2 + 2\,688\,cm^2 + 2\,500\,cm^2$
$= 10\,088\,cm^2$

Abfall %: Abfall : Gesamt
$= 10\,088\,cm^2 : [(280\,cm + 190\,cm) \cdot 70\,cm]$
$= 10\,088\,cm^2 : 32\,900\,cm^2$
$\approx 30{,}66\,\%$